全図

至久坂
八ヶ峰
800
福井県大
染ヶ谷
田歌
江和
中
河内谷
京都府南丹市美山町芦生
出合
白石
佐々里
釜ヶ
深見峠
若狭湾
福井県
由良川
芦生研究林
琵琶湖
京都府
滋賀県
兵庫県
大阪府
奈良県

由良川源流

芦生《あしう》原生林生物誌

渡辺　弘之 Watanabe Hiroyuki ［著］

野田畑谷

ナカニシヤ出版

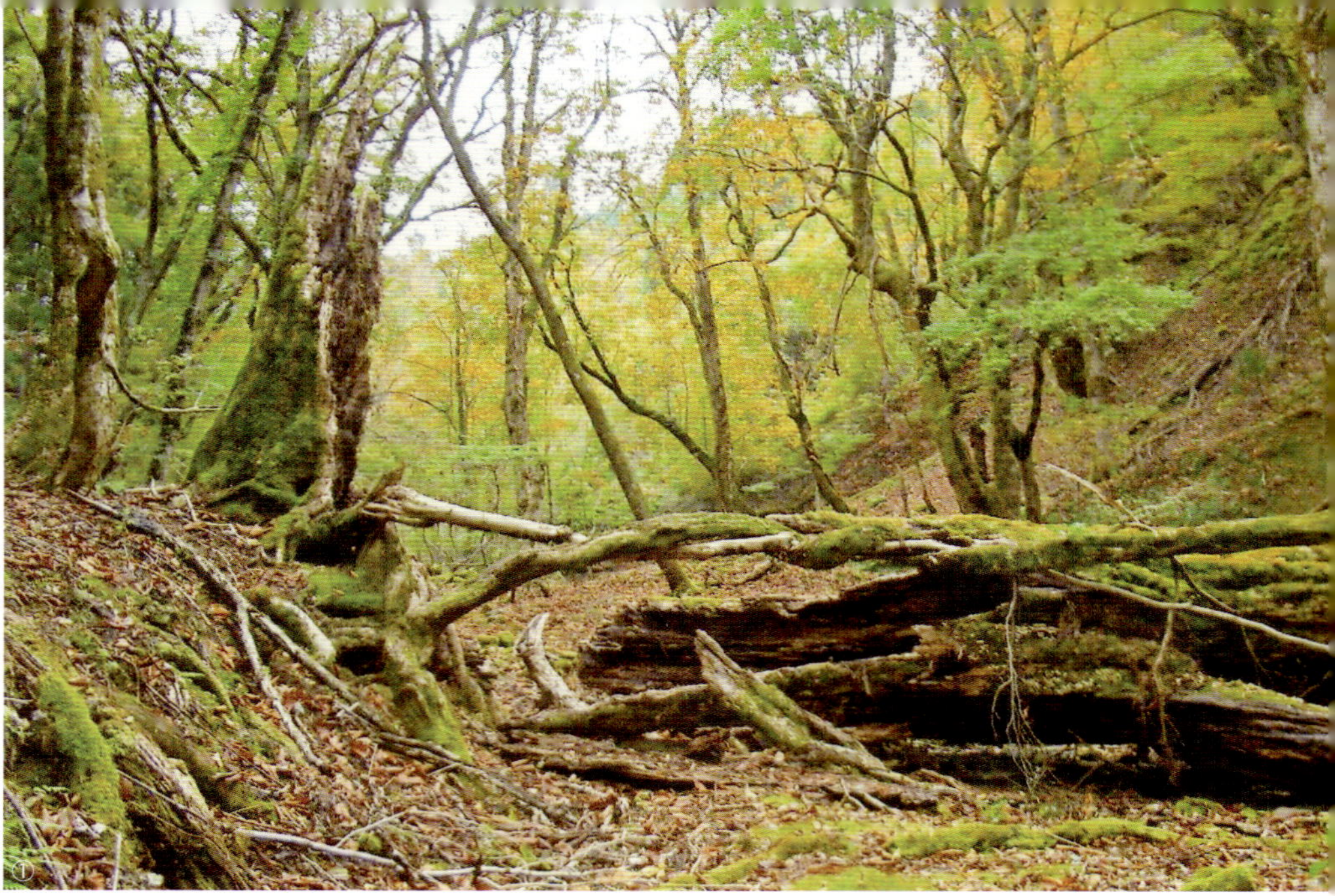

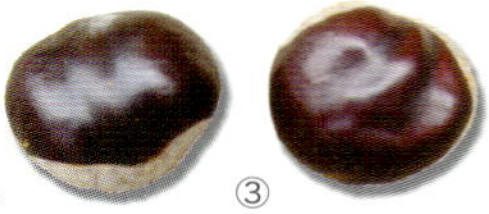

①ヒツクラ（櫃倉）谷
②スギの巨木
③トチノキ（栃）の実
④メタセコイア林
（内杉谷）

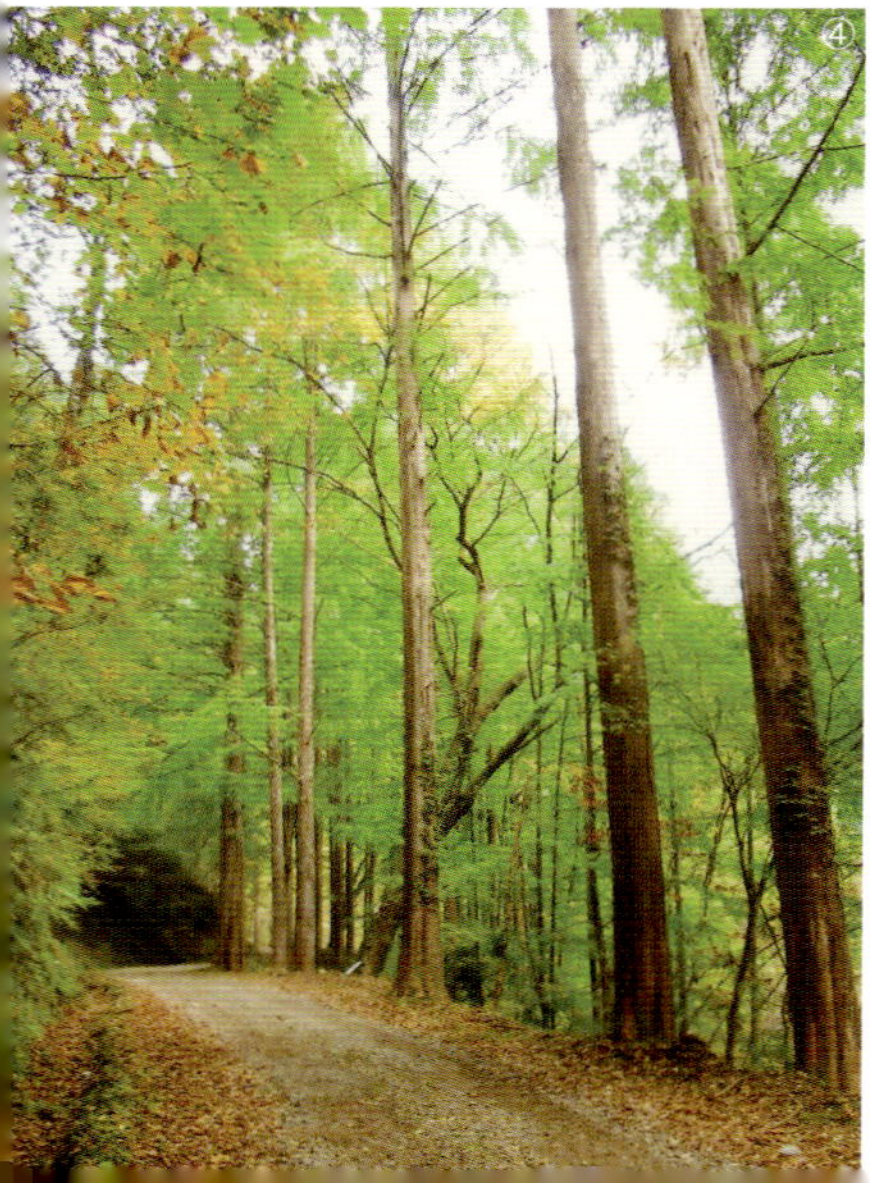

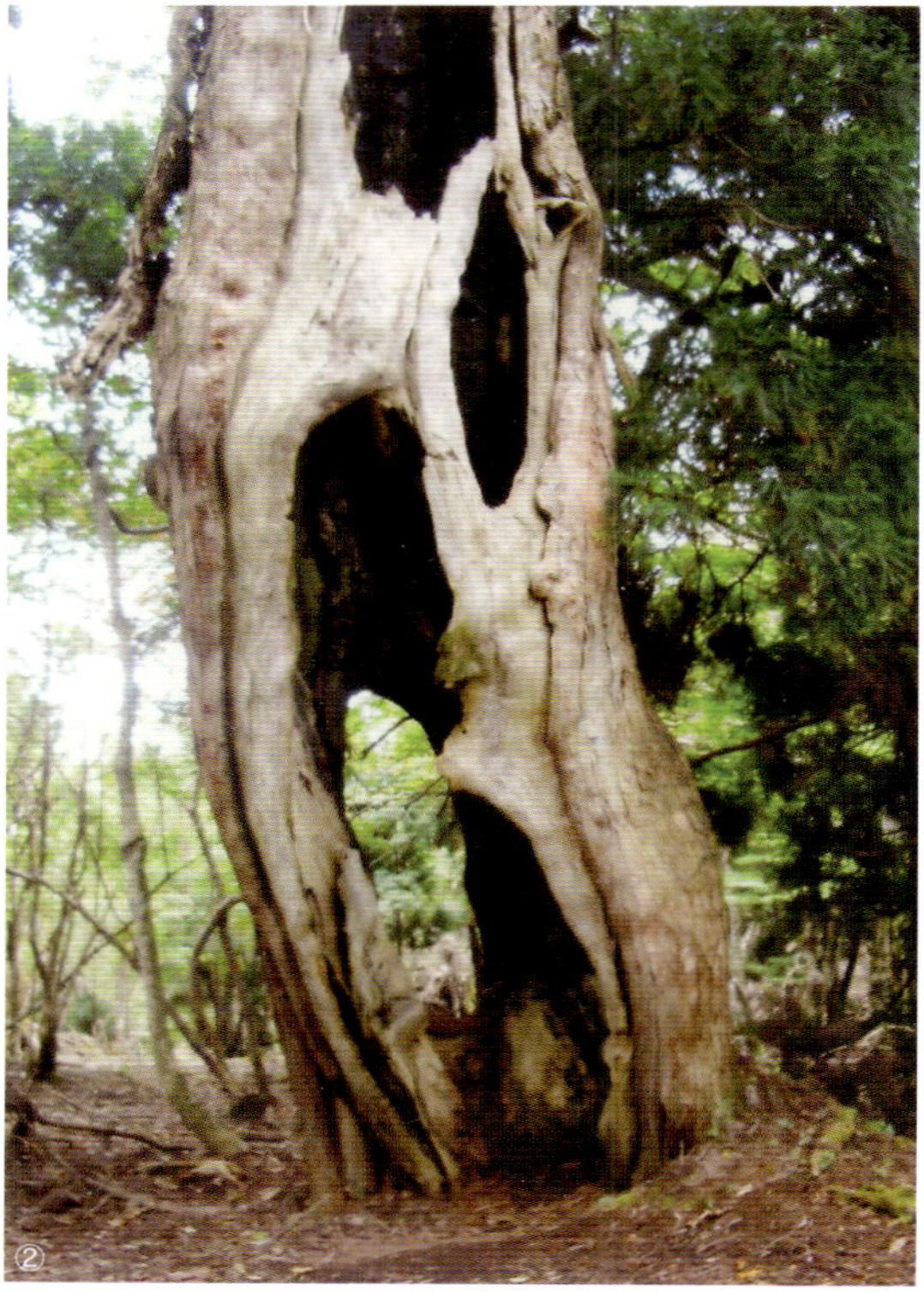

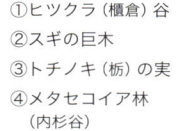

⑤アシウテンナンショウ
⑥ツチアケビ
⑦クマハギ（熊剥ぎ）によって枯れたスギ
⑧エンコウソウ（リュウキンカ）
⑨トキソウ
⑩ツルシュスラン（撮影＝小倉研二）
⑪オオカメノキ（ムシカリ）
⑫ツノハシバミ

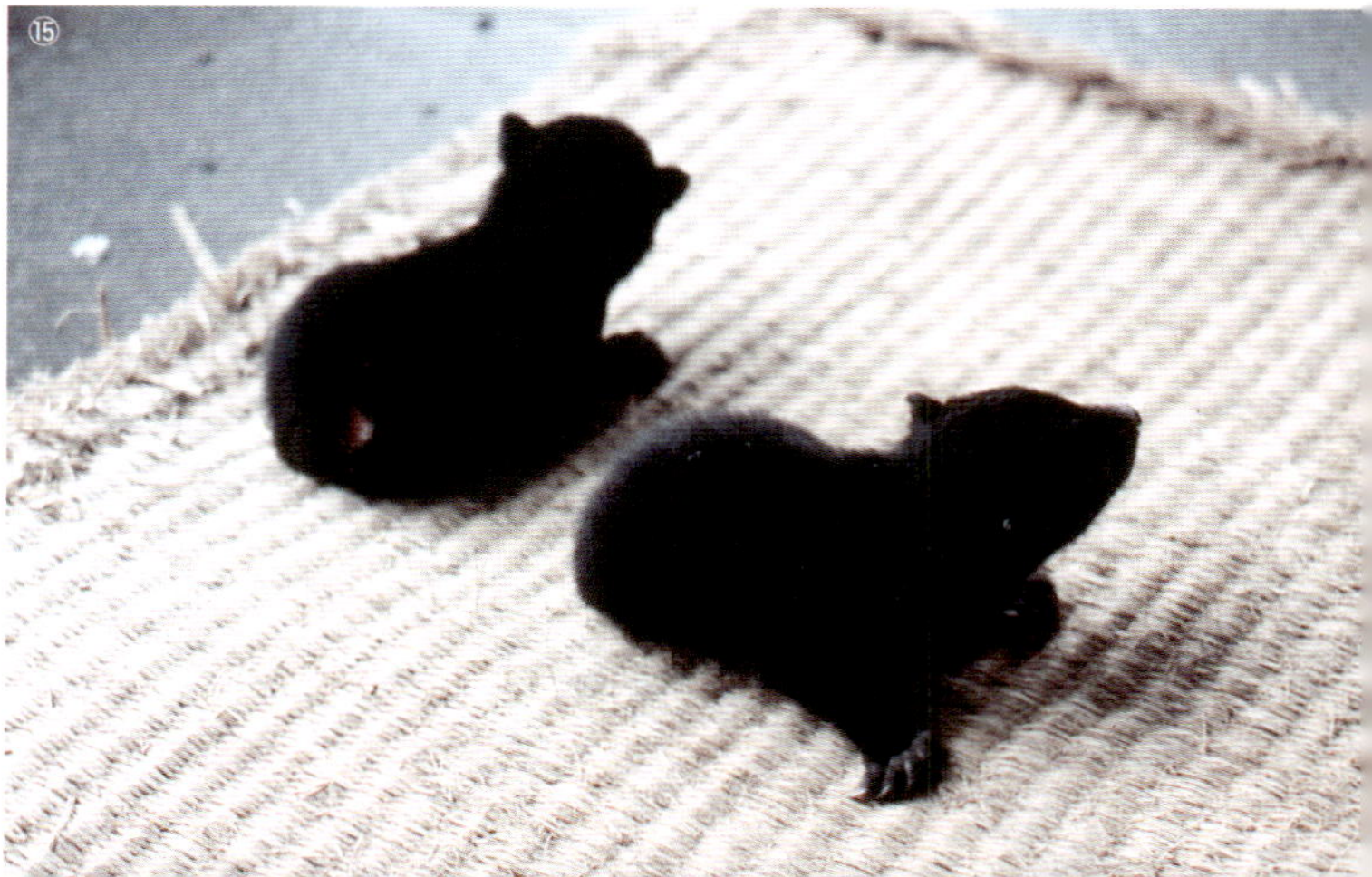

⑬ミズラモグラ
（撮影＝相良直彦）
⑭クロホオヒゲコウモリ
（撮影＝前田喜四雄）
⑮冬ごもり中に生まれた小グマ
⑯コエゾゼミ
⑰モリアオガエル
⑱キツネ
（撮影＝小泉博保）
⑲ルリボシカミキリ
⑳ゴマダラチョウ

まえがき

私の芦生《あしう》・芦生原生林へのこだわり、思い入れを知っていただくためには、私と芦生の関わりを述べないわけにはいかない。しかし、それを始めれば、無限の紙面と時間をくれても終わらないだろう。ここでは私と芦生との関わりを、簡単に述べるだけにしたい。

私がはじめて芦生へ入ったのは、京都大学大学院農学研究科入学直後の一九六一年の五月の連休のことであった。京都駅から国鉄バスで美山町安掛（現・南丹市）まで、ここで京都交通バスに乗り換え、終点の田歌《とうた》まで行き、ここからリックを背負って由良川を遡った。着いたのは夕方だった。次の日は一日かけて、内杉谷からケヤキ坂を登り、下谷では何度も丸木橋を渡って長治谷作業所（小屋）まで歩いた。もちろん、当時、林道はなかった。ランプの長治小屋で自炊しながら、何日か泊まった。

その後、大学院での研究のテーマを「森林生態系での土壌動物のはたらき」と決め、森林タイプ・植生のちがいでの土壌動物のちがい、森林伐採の影響などの調査に、大学院での五年間、この芦生の森に何度も入ることになったし、同僚のさまざまな研究対象の調査にも手伝いでついてきた。大学院博士課程修了時、突然、芦生演習林への赴任が条件で演習林助手への話があった。大好きな芦生で、そこでまだ始めたばかりの土壌動物研究が続けられると、喜んで赴任した。一九六六年四月のことであった。

もともと生き物好きであっただけに、土壌動物研究はもちろん、当時、大きな問題になっていたツキノワグマによるスギ剝皮害防止、芦生の植物、カミキリムシ、野鳥のリスト作成など、いろんなことをした。

演習林の備品の鉄砲が私にまで渡されたのである。残念ながら、クマやイノシシを撃つ勇気はなかったし、そんな場面にも遭遇しなかったが、演習林四、二〇〇haが私の研究室だと思っていた。ここに六年間、常駐した。自家用車も持っていなかったし、京都に自宅もなかった。六年間の完全な駐在記録は多分、破られていないはずである。

その後、京都の演習林本部、和歌山県白浜町にあった試験地勤務をしたあと、一九八一年、農学部へ配置換えとなった。農学部への配置換え後も、二〇〇二年の停年まで、学生実習や外国からの研究者を案内する、あるいは私自身の植物・昆虫観察のため、よく入林させてもらっていた。

一九九九年三月のこと、突然、演習林長に選出されたと連絡を受けた。よく芦生へは入林させてもらっていたが、組織としての演習林から離れていただけに、まったく予期しないことであった。京都大学は北海道の標茶《しべちゃ》・白糠《しらぬか》、京都・芦生、和歌山県・清水町に演習林、京都・上賀茂、北白川、和歌山県・白浜、山口県・徳山に試験地があり、総面積約八、〇〇〇haの森林をもっている。二年間、その全体の責任者を務めた。始めたばかりの芦生演習林の公開講座にも、演習林長としての挨拶だけでなく、講義として芦生の動物や昆虫の話をさせてもらった。

すでに、芦生へのダム建設誘致・反対の大きな軋轢はほぼ収まっていたが、ダム建設中止に伴う地元への経済的貢献問題など、一挙には解決できない問題がたくさんあった。そのことは芦生の今後を考えるとき、無視できない大きな問題なのであるが、ここではそのことには触れないでおこう。

演習林助手として、この芦生演習林に勤務中、農学部の四手井綱英教授、教養部の山下孝介教授のお力添えで、『京都の秘境・芦生　—原生林への招待—』（ナカニシヤ出版　一九七〇）を出版した。これは好評で、植物リストを添付した増補版（一九七六）まで出版できた。しかし、芦生の自然・森林のすばらしさ、貴重な動植物が分布することなどの紹介は評価されたものの、当時、芦生演習林はもっとも伐採を進めていた時代であった。それはこの原生林の伐採を批判するものであったし、ダム建設にも自然保護の立場から反対するものでもあった。若い助手が赴任と同時に、これまでの方針にときに異議を唱えたのだから、当時の責任者には困った存在だったのだろう。

入林者が増えてごみを捨てる、山野草が盗掘されるといった問題の発端が、この『京都の秘境・芦生』の出版にあると批判された。確かにそのことの一部は事実であったが、この自然・森林のすばらしさ、貴重な動植物の分布地であることの紹介、自然・森林の保護の必要性の主張は結果的にはダム建設反対の学術的な論拠になり、問題をかかえながらも芦生原生林が今日まで残されてきた理由になったはずだと自負している。

この『京都の秘境・芦生』の増補改訂版の出版をナカニシヤ出版からは要請されていたが、私自身が一九八一年、演習林から農学部へ配置転換になっていたことから、それには躊躇するものがあった。演習林長に就任して、芦生演習林に勤務されている若い方など数人に分担執筆で、新しい芦生のガイドブックを書いてもらうことにした。ナカニシヤ出版も期待していたのであるが、結局、これは日の目をみなかった。私とはちがう切り口・知識で、価値あるガイドブックができるはずだと思っていただけに、これは残念なことであった。

二〇〇三年、芦生演習林は農学部付属演習林からフィールド科学教育研究センター芦生研究林に移行した。芦生原生林を林業・林学の教育・実習の場から、大きくフィールド科学研究の場としたのである。芦生原生林にとってはより有効な利用、適切な管理が期待できると思った。

退職後、芦生から記載された新種の動植物のリストをつくったり、まだ調べられていないムカデ・ヤスデ、ミミズ、ワラジムシ・ダンゴムシ類など土壌動物の分布を調査許可をもらって調べている。二〇〇二年には『京都府レッドデータブック』が出版された。改めて、研究林に貴重な動植物の分布すること、きわめてたくさんの種が絶滅寸前種・絶滅危惧種にランクされていることを知った。それは多くが芦生でいなくなる、なくなれば、京都府から絶滅とされるものである。

植物にも動物にも興味があり、芦生に大きなこだわり、思い込みがある私が改めて芦生研究林（原生林）の紹介を書いておくべきだとの思いがでてきた。私でなければ、私しか書けないはずだとの自負もある。同時に、本文で述べるように、芦生研究林は地元、元の知井村九ヶ字の共有林で、京都大学との間で九十九年間の地上権設定がなされたところである。それは二〇二〇年が期限となる。遠い先の話ではない。契約終了後のことについては私にもどのようなことになるのか見当はつかないが、芦生の自然・森林のすばらしさ、学術的価値の高さを知っていただくことは、今後の芦生を考える大きな参考・支援になるはずである。

もっと、はっきりいえば、そのすばらしい芦生の森をぜひとも残して欲しいということだ。本文末にも書いたが、このすばらしい芦生の自然・森林・渓谷の保護・利用にも、地元土地所有者、地上権者の京都大学のそれぞれの考えがあるはずだ。「大切な自然、保護しろ」だけでは問題は解決しないだろう。繰り返すが、この芦生の自然・森林のすばらしさ、学術的価値の高さを理解していただければ、芦生の将来をどうするのかいい考えが浮かぶはずである。そのことを期待している。

二〇〇七年九月

渡辺　弘之

もくじ

Ⅲ　芦生のツキノワグマ

V　芦生の昆虫

Ⅵ 自然観察コース案内 一四三

I

由良川源流　芦生原生林（研究林・演習林）

芦生演習林（研究林）とダム計画

宮津と舞鶴の間で日本海に注ぐ由良川の源流にある京都大学芦生《あしう》研究林（現・南丹市美山町芦生）は近畿地方においては貴重なブナ（ブナノキ）天然林が保存されているところとして知られる。芦生研究林は由良川の最上流にあって、ほぼ長方形、約四、二〇〇haの面積をもっている。北側は西より田歌《とうた》山（中山谷山）（標高七九二m）、権蔵峠（六三八m）、杉尾峠（七四四m）、三国峠（七七六m）につながる尾根で福井県と接し、研究林側は上谷、枕谷など、林内でもっとも歩きやすい、ゆるやかなところであるが、尾根を境に福井県側へ急に落ち込んでいる。東は三国峠、三国岳（九五九m）、天狗峠（九二〇m）につながる尾根で滋賀県高島市朽木《くつき》・京都市左京区久多《くた》と接し、西は田歌山からヒツクラ（櫃倉）谷、南は小野村割《わり》岳（九三一m）から佐々里峠（八三三m）、大段山（七九五m）へつながる尾根で、京都市左京区広河原に接する四方を七〇〇m～九〇〇mの尾根で囲まれた地域で、その中に杉尾峠、ケヤキ峠（七八〇m）、ブナノキ峠（九三九m）、傘《からかさ》峠（九三五m）、八宙《はっちゅう》山（八七四m））へつながる尾根が横たわる。由良川源流はこの中を「コ」の字のように曲がって流れ、西南の隅から流れだす。研究林内の地形はきわめて複雑である。

研究林との境界をなす三国岳は近江・山城・丹波の境で、皆子《みなこ》山（九七二m）、

静かな野田畑谷

＊前頁の写真「芦生ブナ林」

峰床山《みねとこ》（九七〇m）についで京都府第三位の標高をもち、三国峠は近江・丹波・若狭の境である。地形は丹波高原の一部として全体としては準平原状をなしているが、谷は急峻で至るところに絶壁・滝がある。この地域では山頂を峠と呼ぶところがいくつもある。林内でも、ブナノキ峠、傘峠、天狗峠などが山頂である。国土地理院の五万分の一地図などでは、三国峠を三国岳としているが、近くに二つの三国岳があり、混乱するし、芦生では三国峠と呼んでいるので、本書でもそれに従う。

京都大学芦生研究林事務所のある芦生（標高三五五m）の平均気温は一一・七℃、年降水量は二、三五三mm、最低気温は芦生でマイナス一九・五℃、最上流部の長治谷《ちょうじだに》（標高六四〇m）でマイナス二〇℃が観測され、最大積雪深は芦生で一九〇cm、長治谷では三一五cmである。地質は中・古生層の丹波帯に属し、基岩は頁岩を主とし、チャートや砂岩を含んでいるとされる。

芦生は大きく、口芦生と芦生（須後）、井栗の集落から構成される。本書での地名の「芦生」は研究林事務所のある字斧蛇《おのじゃ》、あるいは少し広く口芦生・須後・井栗を含めた地域をいう。

芦生研究林は一九二一（大正一〇）年、旧知井村九ヶ字共有林の一部、約四、二〇〇haが京都大学との間で森林・林業の学術研究・実地演習を目的に九九年の地上権設定契約がなされたもので、二〇二〇年がその期限となる。農学部の設置が一九二三（大正一二）年であるから、農学部設置まえにすでに演習林が設

冬の三国峠山頂（1965〔昭和40〕年頃）

定されていたことになる。財産林としての性格をもっていたことは確かである。一九二四（大正一三）年、農学部付属演習林設置とともに芦生演習林となった。二〇〇三（平成一五）年四月、組織改組により京都大学農学部付属芦生演習林から京都大学フィールド科学教育研究センター森林ステーション芦生研究林となった。親しまれた「演習林」からやや堅苦しい「研究林」へと名称が変わった。

一九六五年、福井県名田庄村に下部ダム、芦生に上部ダムという関西電力の揚水式発電所計画が浮上した。当初の計画ではダムサイトは由良川最源流のすばらしいブナ林のある上谷であったが、京都大学の反対によりのちに下谷に、さらにはヒックラ（櫃倉）谷へと変更された。ダム建設誘致の美山町と誘致反対の地元団体、土地所有者の九ヶ字財産区管理会、地上権者の京都大学との間に厳しい軋轢が生じた。一九七九年三月には、美山町から京都大学へ演習林の一部返還の要求がだされた。これに対し自然保護・生態系保護の立場から一九六八年にまず日本生態学会近畿地区会からダム建設反対の宣言文がだされ、一九八五年には生態学会第三二回大会、さらに一九九三年の四〇回大会でも芦生でのダム計画の白紙化を要望する決議がされた。美山町は「植林をしなかった」という契約不履行を理由に京都大学に全面返還の提訴さえした。この経過については芦生の自然を守る会『トチの森の啓示』（一九八五）にくわしい。このダム計画については二〇〇五年、関西電力は正式に計画を撤回すると表明した。

ヒツクラ（櫃倉）谷

秘境　芦生

毎日新聞社（編）『日本の秘境』（一九六一）に、全国三〇の秘境の一つとして芦生が紹介され、さらには日本交通公社『全国秘境ガイド』（一九六七）にも紹介された。

自然のよく残されていること、生物相の豊かなことが認められ、朝日新聞社と森林文化協会の二一世紀に残したい自然百選「日本の自然一〇〇選」（一九八三）、京都府の「京都の自然二〇〇選」（一九九六）に選ばれ、日本昆虫学会（二〇〇〇）は芦生に鞘翅目《しょうしもく》（甲虫）昆虫などに多数の貴重な種が分布することから「昆虫類の多様性保護のための重要地域」の一つに指定している。さらに、『京都府レッドデータブック』（二〇〇二）では「地域生態系保存地域」として指定されている。

一般向けには全国大学演習林協議会（編）『森へ行こう　大学の森のいざない』、池内紀『日本の森を歩く』、日本の森製作委員会（編）『日本の森ガイド五〇選』、福嶋司『いつまでも残しておきたい日本の森』、草川啓三『芦生の森に会いにゆく』などに芦生の森が紹介されている。また、北本廣次『樹木彩時季』、桂俊夫『京・北山四季賛歌』、広瀬慎也『写真集　芦生の森』・『芦生の森2』、山本卓蔵『芦生の森』、広瀬慎也『由良川源流の森　芦生風刻』などのすばらしい写真

由良川源流　芦生の谷間にある研究林事務所

集がある。本書の巻末に芦生のことが記述されている著作のリストを掲載した。

　芦生の森は「原生林」といわれるものの、旧知井村の共有林であったことからも演習林設定以前には由良川本流筋、あるいは内杉谷などではかなり伐採・利用されていたようだ。江戸時代から明治時代にかけては木地師《きじ》や製炭のため人が住んでいたらしい。灰野の集落跡に立つ案内板には「寛永一五（一六三八）年、下流一五kmにある南、北村、後に中村、田歌から芦生、灰野、赤崎などに山番を定住させ、翌年には奥の小ヨモギに南村から二人が定住する、慶安三（一六五〇）年、北村より灰野に七人が定住した、さらに奥の七瀬、中山にも寛文五年（一六六五）に木地師が定住していた記録があり、旅人相手の宿もあった」と記されている。

　一八八九（明治二二）年の調査では最上流の野田畑に木地師が三戸、一七人住んでいたことが確認されているという。杓子《しゃくし》屋とか三軒屋と呼ばれていたようだ。森本次男『京都北山と丹波高原』には「灰野に杓子が流れてきてもっと上流に人が住んでいることを知り、本流を遡ったら、野田畑に集落があった。明治三三年のことで、ここを明治村と呼んだ」と記述がある。ここで、ブナあるいはミズメを伐り、斧で削ったり、轆轤《ろくろ》を回したりして、シャモジ（杓子）、椀、下駄などをつくっていたという。近くのサワ谷での植栽のとき、腐った下駄の台がたくさんでてきたと聞いたことがある。実際にはシャモジ作りだけでなく、製炭や木材搬出も当然あったであろうし、生活のための薪も大量に必要だった

往時の野田畑湿原
（ショウブが全面を覆っている）

はずだ。お墓と思われるものもある。当然、野田畑峠あるいは杉尾峠を越えて福井県名田庄村（現・おおい町）、また地蔵峠を越えて滋賀県朽木村生杉《おいすぎ》（現・高島市朽木生杉）、さらには内杉谷経由で芦生とも行き来があったであろう。この村の人たちも明治の終わりから大正はじめには下山し、廃村になったようだ。現在でも、野田畑にはこの地域にはもともと分布しない大きなクロマツが一本あり、たくさんのスモモやヤマナシ、オニグルミ、そして石垣などが残っている。クロマツは植えられたものであることは確かだ。

中山神社と一石一字塔

長治谷から枕谷へ入ったすぐのところに中山神社がある。朽木村中牧（現・高島市）にある大宮神社からの分祀で、例年五月一〇日がお祭り日で、朽木から神主や村の人たちが上がってきて例祭が執り行われる。もちろん、芦生研究林の職員も参拝し、交流会が開かれる。私も在任中、お供えの生の鯛を何度かここまで運んだことがある。まだ林道はできていない時のそれも雪の多かった年のことだが、お盆の上の鯛に雪をのせ、溶けると次の雪をのせ、冷蔵しながら運んだ。生杉からはたくさんの人がご馳走をもって上って来た。お祭りのあとは、生杉へ連れて行かれた。もともと上谷と下谷の合流点、中山にあったので中山神社とされたのであるが、演習林になってから現在地へ移されたよう

中山神社
（例祭は5月10日、神官は生杉からあがってくる）

野田畑にあるクロマツ（中央）

だ。

地蔵峠には「般若心経延命地蔵経一石一字塔」がある。裏には寛政十年（一七九八）年七月吉日の銘がある。中山神社にしろ、一石一字塔にしろ、古くから近江生杉との行き来があったことの証拠であろう。

由良川最上流の野田畑周辺あるいは三国峠山頂付近には大きなブナがなく、直径のそろったミズナラ・コナラの純林である。それを過ぎるとまた大きなブナがでてくる。これは土壌のちがいなどでなく、人為の影響のあった証拠で、火入れをし茅場として利用し、カヤ（ススキ）を採取する場所だったともされる。一部には炭焼きでの伐採もあったようだ。この付近には炭窯の跡がいくつもある。

長治谷小屋は一九三五（昭和一〇）年、まずここに製材所をつくり、この周辺から伐りだした木材で建てた。資材をここで調達したのだから、この付近の森林への影響も大きかったであろう。この付近にはスギが少なく、大きな木もない。ところが下谷と上谷を分ける尾根だけは黒々としたスギ林になっている。長治谷のまえに立ってみればこのことがよくわかる。これはミズナラやブナの大木を「巻き枯らし」し、天然のスギだけを残したものだ。植えたものではない。一九六〇年代当初でも、太枝だけが残った大きなミズナラやブナの枯れ木がスギにまじって立っていた。

地蔵峠にあった一石一字塔

長治谷小屋（三国倶楽部）
（2003年3月、積雪により倒壊、撤去された）

森林軌道の開設

本流筋でも、生産した木炭は牛の背に乗せ、七瀬から天狗峠を越えて京都市左京区久多の能見へだしたともいわれている。灰野から佐々里峠、広河原へのルートも古くからあったものらしい。演習林設置後、一九二八（昭和三）年、由良川本流沿いに森林軌道が開設され、木材の搬出、シイタケ栽培、製炭が行われ、伐採跡地にはスギが植栽された。赤崎東谷・赤崎西谷などはこの当時に伐採されたものである。赤崎東谷の京都市左京区広河原との境界の尾根近くにスギの巨木林がある。太いスギは伐っても多くは中が腐っているし、こんな大きなもの伐っても運びだせなかったのであろう。株状のスギのまっすぐな何本かの幹だけが伐られている。使えるところだけ運び出したのである。由良川本流筋では小野子谷、赤崎谷、小ヨモギ谷、大ヨモギ谷は大径木のみを伐りだし、そのあと放置した天然更新地、いわゆる二次林である。

一九六六年、私の在職当時はもうこの地域での伐採は止っていたが、植付けなどの作業にはこの軌道が使われていた。一九六九年八月に大阪テレビの「くらしの泉」という番組で「芦生森林鉄道」として放送されたことがある。

一九五〇年代後半から内杉谷への林道の開設が進み、大面積での伐採が始まった。その伐採跡地にはスギが植栽された。現在、林道の総延長は三四kmにも及ぶ。長治谷、下谷、上谷へ行くには便利になったが、この林道の開設はあく

芦生森林鉄道

まで木材の伐採・搬出のためであった。これには地上権設定の契約が大きく効いていた。伐採による純収益は双方折半するという契約である。土地所有者の九ヶ字財産区管理会と地上権者の京都大学との折衝で、ある一定額の収入をあげるよう要請があったのである。

また、国立大学演習林として、支出に見合う収入の確保という圧力もあった。一九七五年代に入って芦生研究林の天然林としての重要性が認識され、皆伐・新植でなく、大径木だけの抜き伐り、いわゆる択伐・天然更新施業に切り替えられた。一九九〇年代に入って、生物相の豊富さ・重要性が理解され、また木材価格の低迷で森林の伐採は控えられているが、京都大学としてかなりの地代を、毎年支払っている。国有地でなく、民有地への地上権設定の弱みである。

研究林の総面積四、二〇〇haのうちほぼ半分は地上権設定後は大きな手が入っていないところ、約一、八〇〇haが伐採跡地に更新した天然生林、そしてスギ人工林が約二五〇ha造成されている。芦生ツアーのガイドブックに原生林面積が研究林の面積四、二〇〇haでなく、二、〇〇〇haとされているのも、そのことによる。

また、京都大学付属の教育・研究施設として、種々の研究・教育のため、戦前を主に外国産樹種の植栽、スギの産地別品種の生長試験のための植栽など、森林を改変しての研究も行われてきた。このことから一部には芦生に原生林という表現は適切でないという意見がある。

スギの巨木（赤崎東谷）

原生林（原始林）

「まえがき」で述べたように、私が芦生演習林に在職中に『京都の秘境・芦生』を出版し、そのサブタイトルを「原生林への招待」とした。すでに述べたように、芦生の森林は天然林として大事に保存されてきたのでなく、歴史的にはさまざまな事情での人為の影響を大きく受けてきたことはまちがいない。研究者からも、同僚からも、原生林ということばを使うことに批判を受けた。当時は芦生演習林としてもっとも収入を上げている時代、大きな面積の伐採をしている時代であった。

原生林（原始林）などというものは、もう日本にはないともいわれる。確かに、「千古不鉞《えつ》」などというまったく斧の入っていない森林だけが原生林だとすれば、それはアマゾンかシベリアのタイガくらいかも知れない。しかし、そこにも人は住んでいて、森林に依存しながら、衣食住すべて、多様な産物を得ている。植生学では極盛相の森林（極相林）を原生林と解釈しているようである。温度と降水量に恵まれた日本では、火山の爆発、大雨による土砂崩れ、あるいは伐採など人為的な撹乱があっとしても、遷移によって次第に森林が再生される。長いタイムスパンでは極盛相の森林ができあがる。この意味ではシラベ・

中は空洞でも生きているスギ

天然林（野田畑谷）

オオシラビソ林、ブナ林、あるいはシイ・カシ林などの、あまり人手の入っていない森林を原生林と呼んでもまちがいではないだろう。

　過去の芦生において、木地師が入り、また明治・大正期にもスギなどが伐られ、戦時中は枕木用材としてクリなどが択伐されたことは確かである。しかし、それは林道も架線集材もない当時のこと、その伐採は川沿いなど、木材の出しやすいところに限られていたであろう。

　あるところに、「芦生の森は天然林か」という見出しがあった。この見出しも、芦生の森は天然林でないのではと疑っているようである。森林を天然林と人工林に厳密に区分すれば、それも芦生の森が天然林でないとすれば、人工林ということになってしまう。この場合、天然林をきわめて限定して使い「天然林とは原生林」と解釈しているようである。芦生の森は決して人工林ではない。

　天然林ということばと同時に自然林という用語もある。天然林と自然林は同義語であろう。しかし、天然林と人工林の区別も案外明確ではない。人工林とはスギ・ヒノキなどの有用樹の苗木の植栽によって、あるいは播種によってできあがった森林のこと、植栽樹木の生育を助け、材質をよくするため、枝打ち、除伐・間伐などの保育作業が行われるのが普通である。その人工林の造成も、天然林を伐採してその後にスギ・ヒノキなどを育てることを「拡大造林」、スギ・ヒノキ林を伐採し、そのあとに再度、スギ・ヒノキ林を仕立てることを「再造林」という。

二次林（上谷）

森林の再生を林学・林業では「更新」というが、植栽・播種に始まる人工による森林の再生、すなわち人工更新に対して、崩壊地や伐採跡地をそのまま放置して、周辺からの種子の飛来、地中にある埋土種子の発芽、切り株からの萌芽の生育を待つ方法を「天然更新」という。すでに述べたように、伐採跡地を放置しても、すぐにアカマツ、シラカバといったパイオニア樹木が生えてくる。コナラやアラカシなどを伐採し、薪炭として利用したあと、しばらく放置すると、またコナラ・アラカシ林が再生する。いわゆる二次林、里山と呼ぶところだ。人手はまったくかけておらず、自然にまかせてある。これもあくまで天然林であろう。

しかし、遷移途中のこれらの森林の景観・構造・機能は極盛相の森林とは大きくちがう。こんな二次林を極相林と同列に「天然林」と呼ぶことには抵抗があり、「天然生林」と呼んで区別したりもしている。よく使われる二次林と天然生林はほぼ同じ意味であろう。極相林が一次林ということであるが、一次林ということばもあまりは使われない。また、ときに三次林といったことばが使われているが、これも林学では使わない。

実際には芦生研究林四、二〇〇haのうち、約半分の一、八〇〇haが択伐跡地、いわゆる二次林であるが、里山のような大きな破壊ではなかった。その中に約二五〇haのスギ人工林が造成されている。残り約二、〇〇〇haが研究林設置後、人手の加えられていないところで、天然林・原生林と区分されているところで

下谷と上谷を分ける尾根のスギ林
（ブナやミズナラを巻き枯らしし、スギだけを残したところだ）

ある。

芦生で古くからスギやクリなどの有用木が抜き伐りされていたとしても、大木が枯れるのと同程度の間引きであれば、その景観・構造は原生林・極相林と大きくは変わらなかったであろう。そのような人為の影響を受けたという歴史的事実があるにしろ、芦生の森の価値が低くなるわけではない。「芦生原生林」でいいのではなかろうか。すでに述べたように、天然林と原生林（原始林）はほぼ同義語だと解釈するが、それでも「原生林」ということばには、ことばではいい表せないものがある。そして、それには相応の大きさ・規模が必要である。

芦生の場合、原生林ではないのだから、伐採してもいいという意見があったが、原生林と呼べるものが、もうそれだけ少ないのだということを理解していただく必要がある。原生林と原始林は同義語であろうが、世界遺産に指定されている奈良・春日山は天然記念物指定も「春日山原始林」である。北桑田郡は京都市に合併吸収された京北町と南丹市に合併した美山町で構成されていたが、北桑一〇景の一つとして、この芦生が「芦生原生林」と指定されていた。芦生に色あせた「芦生原始林」の標識がまだ立っている。

残されたこの芦生のブナ原生林の価値がますます大きくなっていることを知っていただきたい。

芦生原始林の標識

II 芦生の植物

植物の宝庫

芦生の植物相の豊富なことと自然がよく保たれていることを認め、これを学会に報告、芦生を一躍有名にしたのは東京帝国大学理学部教授、のちに国立科学博物館長をされた中井猛之進さんである。中井猛之進さんは『植物研究雑誌』一七巻五号（一九四一）に「植物ヲ学ブモノハ一度ハ京大ノ芦生演習林ヲ見ルベシ」と芦生の植物相を紹介した。これで芦生が一躍、植物研究者の注目するところとなった。また、亀岡市の花明山植物園長をされた竹内敬さんも、その著書『京都府植物誌』（大本一九六二）に芦生での植物採集記を書かれ、京都府下でここにしかない植物がたくさんあることを述べられた。

芦生研究林の植物の種類数については元京都大学農学部講師の岡本省吾さんが『京都大学演習林報告』一号（一九三〇）に、「芦生演習林樹木誌」としてコウヤマキ、ヒバ、アカモノなど二一〇種（変種を含む）の樹木が分布することを報告し、さらにこれに追加して、「演習林報告」一三号（一九四〇）に、「芦生演習林樹木誌」として木本植物だけで二三八種、双子葉植物の草本三五〇種、単子葉植物の草本一六四種、シダ植物八五種を加えた植物は八三七種と記述した。また、京都大学農学部林学科学生の「造林学・樹木学」実習のために、小冊子「芦生演習林の植物」が作成され、毎年、未記録種が追加され、これが実

植物ヲ學ブモノハ一度ハ京大ノ
芦生演習林ヲ見ルベシ

中　井　猛　之　進

T. Nakai: Speciality of Asio Experiment Forest of Kyoto Imperial University.

中井猛之進博士の論文の表題
（『植物研究雑誌』17 巻 5 号　1941）

＊前頁の写真「扇谷のドイツトウヒ林」

習に使われていた。

渡辺弘之『京都の秘境・芦生』(増補版)(一九七六)に掲載したものは、このリストをもとに、京都府立植物園の中川盛四郎さんによる記録、また私自身の在勤中に確認したニッコウキスゲ、シュンラン、ヤマブキ、クマガイソウなどを加え、シダ植物八七種、裸子植物一三種、被子植物のうち単子葉植物一七七種、双子葉植物六〇五種、計八八二種とした。美山町自然文化村『芦生の森はワンダーランド』などでは植物種数としてこの値を使っている。しかし、これには先の中井猛之進さんの報告にあるヨコグラブドウ、ヘラノキ、サイシュウイヌシデ、サイゴクイボタなどを含んでいる。著名な植物学者の記述だし、標本も残されているのではと思ったのであるが、現在ではこれらは分布しないものと考えていいようだ。また、中根勇雄『芦生研究林・植物の手引き』(一九八六)ではシダ類を含め約八五〇種のスケッチを掲載している。一般の方には便利なものであるが、和名しか掲載されていない。『森と里と海のつながり』(二〇〇四)では草本植物五三二種、シダ植物八五種、木本植物二四〇種、合計八五七種とされている。

京都大学大学院人間・環境学研究科の安田佐知子(現・名古屋大学博物館)さんと総合人間学部の永益英敏(現・京都大学総合博物館)さんが、これまでの記録を検証、さらに実際に採集され、また保存されている標本を調べて、芦生研究林の植物種数を裸子植物針葉樹が六科一一種、被子植物単子葉植物が一六科

クマガイソウ〔ラン科〕
(芦生〔内杉谷〕に確実にあった)

一九〇種、双子葉植物が一〇四科六〇〇種、計八〇一種、七亜種、一二型とした。

標本が残されていても明らかな同定の誤りや分布上からみて分布し得ないもの、また植栽されたと考えられるスモモ、ミツマタなどを除く一方、ナルコユリ、ツレサギソウ、サンカヨウ、タウコギ、ヒメキンミズヒキ、サンインクワガタなど六五種、一三変種、二型を新たに追加して、現在、芦生に分布する確実な種数は六九一種、六亜種、二七変種、九型、三雑種であるとしている。種類数は大きく減ることになる。

標本があれば分布は証明できるが、標本が残されていない場合、それらが分布しないとはいいきれない。芦生研究林の植物種数をはっきりさせるためには、記録されているものの標本が残されていないものについて再確認、標本の作製が必要なのである。

植生

芦生研究林の植生は大きくみればスギ、ブナ（ブナノキ）、ミズナラを主にした温帯落葉樹林である。芦生研究林の植物相・植生はほぼ標高六〇〇mで大きく変わる。六〇〇m以下ではウラジロガシ、ツクバネガシが優占し、これにイヌブナ、テツカエデ、ユクノキ（ミヤマフジキ）が混じり、林床にはウスゲク

ブナ（右）とイヌブナ（左）の樹皮

ロモジ、オオイワカガミ、イワウチワ（トクワカソウ）、ミヤマカタバミ、ミヤマカンスゲ、ミヤマナルコユリ、クルマムグラなどがある。

研究林事務所のある芦生付近ではまわりはほとんどスギ林に転換されているが、芦生山の家の近くにある熊野権現などには大きなモミやツガがあるし、事務所裏山の尾根にも大きなモミがみえる。この付近の原植生はヒノキ、モミ、ツガ、ゴヨウマツ、これに一部にはコウヤマキ、ヒバが混じっていたようだ。これらは現在、尾根筋や岩石地にだけ残っている。

六〇〇m以上では、谷部・渓流沿いにはトチノキ、サワグルミを主に、カツラ、チドリノキ（ヤマシバカエデ）が混じり、これに低木のガマズミ、オオカメノキ（ムシカリ）、コバマユミ（ヒメコマユミ）、サワフタギ、イボタノキが、林床にはオオバギボシ、ダイモンジソウなどがみられる。谷沿いの崖にはヤマグルマ、イワナシ、イワウチワ（トクワカソウ）が群生する。内杉谷の支流、幽仙谷あたりがウラジロガシからブナへの移行地点である。内杉谷から長治谷へのルートで対岸にみえる林相でこの変化が確認できる。

六〇〇m以上の斜面下部はブナ、ミズナラ、ミズメが優占し、林床にはクロモジ、コアジサイ、ヤマアジサイ（サワアジサイ）、エンレイソウ、ナツエビネ、オクモミジハグマなどがあり、斜面上部・尾根部ではスギ、リョウブ、ソヨゴ、ネジキ、クロソヨゴ、イヌツゲ、アセビなど乾燥に耐えるものが分布する。谷にはフキ、ヤブレガサ、ヤグルマソウ、ミズ（ウワバミソウ）、場所によっては

ヤグルマソウ〔ユキノシタ科〕（中央の５枚の葉の二つ）とタイミンガサ〔キク科〕

これにワサビがまじる。

芦生の植生を、（1）ブナ―チシマザサ群集、ａホンシャクナゲ亜群集、ｂアセビ亜群集、（2）ブナ―クロモジ群集、（3）トチノキ―ジュウモンジシダ群集、（4）ツガ―クロソヨゴ群集、（5）ウラジロガシ―ヒメアオキ群集に区分している。

温帯林でも、西日本の標高の高いところに分布するモミ・ツガ・ウラジロガシなどの優占する森林を暖温帯林、東あるいは北日本に広く分布するブナの優占する森林を冷温帯林ともいう。その意味では芦生は両者の境界ということになるが、面積的には冷温帯の方が広いということになろう。京都府立植物園に日本の森というのがある。ここの温帯林とされるところの樹木の多くは一九六三年当時、芦生から運ばれたものである。

ワサビ〔アブラナ科〕

日本海側に分布する植物と太平洋側に分布する植物

チャボガヤ、ハイイヌガヤ、アシウスギ、ミヤマイラクサ、タムシバ、ホクリクネコノメソウ、エゾアジサイ、エゾユズリハ、ヒメモチ、スミレサイシン、ホナガクマヤナギ、イワナシ、ユキグニミツバツツジ、クロバナヒキオコシ、オオニワトコ（ナガエニワトコ）、タニウツギ、オオカニコウモリ、チョウジギク（クマギク）、ヒロハスゲ（ヒロバスゲ）、チシマザサ（ネマガリタケ）などは主として日本海側に分布する植物、一方、イワボタン（ミヤマネコノメソウ）、ヤマアジサイ（サワアジサイ）、バライチゴ、シモツケソウ、オオモミジ、クロソヨゴ（ウシカバ）、フウリンウメモドキ、カクミノスノキ、サツキ、カンスゲなどは主として太平洋側に分布する植物である。芦生は大きく日本海側気候の影響を受け、日本海型植生を示すものの、太平洋側に主として分布する植物も入っていることがわかる。

また、芦生には太平洋側植物のユズリハと日本海側エゾユズリハ、同様にヤマアジサイ（サワアジサイ）とエゾアジサイ、オオモミジとヤマモミジ、クロソヨゴ（ウシカバ）とアカミノイヌツゲが分布するが、その中間型が認められ、また、ヒメアオキについてもアオキとの中間型を示すものがあるとされている。

芦生特産の植物

アシウスギ〔芦生杉〕〔スギ科〕

スギは青森から屋久島まで広く分布するものの、日本海側に分布するものと太平洋側に分布するものとで、その形態がちがう。前者をウラスギ（裏杉）、後者をオモテスギ（表杉）といっている。アシウ（アシオ）スギ（*Cryptomeria japonica* var. *radicans*）はこの日本海側のスギ、ウラスギを指すもので、芦生研究林を訪れた中井猛之進さんによって命名されたものである。

イワナシの果実

イワナシ〔ツツジ科〕（早春、清楚な花をつけ、果実は6月初めには食べられる）

枝についた葉が長く下に垂れ下がり、針葉が弓のように湾曲し、それが鎖のようにつながる。ヤクスギ（屋久杉）など太平洋岸のオモテスギでは針葉は枝に直角に尖り、葉に触ると痛いが、アシウスギでは葉に触っても痛くない。色も濃い緑色である。耐陰性・耐雪性が強く、下枝が枯れずに残り、それが雪などで垂れて地面に接し、そこから根を出して一本のスギになる繁殖方法、いわゆる伏条更新をする。これは多雪地帯にみられる特徴で、残雪時、下枝が残雪に引っ張られているのがみられる。しかし、実際にはこの伏条更新よりも、倒木の上や倒木の根返りで土が裸出したところなどに、種子から発芽した個体の方が多い。幼時の形状のちがい、すなわち実生（種子から発芽したもの）と伏条（枝の接地部から発根したもの）かは引き抜いてみればわかる。最近ではDNA解析により、大きくなったスギでもこのことがわかる。

アシウスギをアシオスギと記述したものがあるが、これは中井猛之進さんが『植物研究雑誌』一七巻五号（一九四一）にこのアシウスギを記載したとき、Ashio-sugiとしたことによる。和文タイトルには芦生に「あしう」とルビがあるが、英文タイトルはAshioとなっている。三日間も滞在し、植物の調査をされたのに芦生をアシオとされたのは残念なことだ。しかし、正式にはアシオスギということになるのであろう。

この伏条性は多雪地帯の植物に見られる特徴だといったが、アシウスギ以外にもアスナロ（ヒバ）、ハイイヌガヤ、チャボガヤ、ヤマアジサイ、ヒメアオキ、

アシウスギ（芦生杉）

ヤクスギ（屋久杉）

ミヤマシグレ、ツルシキミ、ヒメモチ、ムラサキマユミなどにもみられる。

芦生の紅葉はすばらしいものだが、全山錦の紅葉とちがい、紅葉の中に緑のアシウスギがロケットのように突き出る。他とは一味ちがう光景だ。冬には葉を着けたアシウスギが葉を落としたブナ・ミズナラの中に立つ。冬の芦生もいい。

アシウ（芦生）スギをアシオスギとしたものがあることを述べたが、芦生を平仮名で書けば、「あしう」であろうが、発音は「あしゅう、あしゅー」だろう。芦生からの動植物の新種記載の英文では、芦生を「Ashiu、Ashu、Ashifu」などと綴っている。これに基づき、クモの新種の和名にアシフヤミサアグモ、甲虫のツツキノコムシ科の新種にアシュウナガツツキノコムシの和名がある。索引では「アシウ」では見つからないということになる。

雪に引っ張られるアシウスギの枝

アシウアザミ〔キク科〕

芦生の名をもつ植物の一つが、アシウアザミである。これはこれまでカガノアザミ（*Cirsium kagamontanum*）とされていたものだ。カガノアザミは中井猛之進さんにより石川県白峰村（現・白山市）谷峠で採集された標本で新種記載されていたもので、その分布域は近畿地方北部から東北地方にかけての主に日本海側とされている。横山俊一（福井大学教育学部）・清水建美（金沢大学理学部、現・信州大学名誉教授）さんの研究によって、芦生に分布するものはカガノアザミとは別種であるとされ、新種アシウアザミ（*Cirsium ashiuense*）として『植物地理・分類研究』四四巻一／二号（一九九六）に記載された。

カガノアザミの花（総包）のかたちが鐘状筒型であるのに対し、アシウアザミは狭筒型であることなどで区別できるという。前者の染色体数は二n＝三四の二倍体であるのに、芦生のものは二n＝六八の四倍体であるというのも違いだ。

このアシウアザミは現在のところ、京都府（南丹市美山町・京都市右京区京北）、滋賀県（高島市朽木・今津町）、福井県（おおい町・小浜市・美浜町・敦賀市・越前町）など、芦生と隣接地域にのみ分布することがわかっている。草丈は二m近くにもある大きなもので、たくさんの花をつける。

アシウアザミは芦生研究林内には、かつては枕谷・野田畑谷などにごく普通にみられた。金沢大学理学部教授の中村浩二さんは、大学院生当時、このアザミにつくコブニジュウヤホシテントウに全部マーク（標識）をつけ、その生活史や個体数を調べるという仕事を数年にわたってやっておられた。この当時、このアザミはたくさんあったし、谷筋ではこれを掻き分けて歩いたものだ。そのどれにもコブニジュウヤホシテントウがついていた。ところが今ではそのアザミがほとんどなくなった。シカが食べてしまうのである。シカにとってアザミの棘《とげ》は気にならないらしい。芦生の名を持ち、芦生を代表するといったものの絶滅が心配な植物でもある。

枕谷や内杉谷で数株をみつけたが、どこもシカに食べられ、茎だけが残っていた。野田畑で大きなシカ防除柵をつくり、シカの食害を排除しての植生の回

アシウアザミ〔キク科〕の花〈写真　山中典和〉

復調査が行われているが、柵をして一年でイグサは消え、ミゾソバが全面を覆っている。強い光を要求するイグサはミゾソバが出てくるだけで、消えてしまうという。そのミゾソバをシカが食べているということだ。アシウアザミが残っているところに柵をすれば、アシウアザミはきっと生えてくる。分布は芦生だけではないが、芦生の名をもつ植物をシカ害から守り、保護して欲しいものである。

アシウテンナンショウ〔サトイモ科〕

中井猛之進さんによりアシウテンナンショウ（*Arisaema ovale*）として記載されたものであるが、現在では朝鮮・中国（東北部）・アムール・樺太に分布するアムールテンナンショウ（*A. amurense*）の亜種ヒロハテンナンショウ（*A. amurense* subsp. *robustum*）の変種（var. *ovale*）とされている。『原色日本植物図鑑草本編（Ⅲ）単子葉類』（北村四郎・村田源・小山鉄夫）では、分布は本州（京都・滋賀・福井）となっている。

高さ二〇〜五〇cm、葉は一枚で鳥の脚状に五裂、稀に七裂する。ブナ林の谷沿いの湿った水はけのよいところにはえている。球茎は扁球形で上部から根がでる。五月中旬、マムシのしっぽそっくりの鞘状葉をだす。黒味がかった濃い紫の花（仏炎苞）は光沢があり、隆起する白条が目立つがすぐに色あせてしまう。一株のことが多いが、ときに一〇本ほどが、群生することがある。雌雄転

谷間を埋めつくす背の高いアシウアザミ

アシウテンナンショウ〔サトイモ科〕

換することが知られ、若いときは雄性であるが、のちに雌個体に変わるという。シカは食べないようで、これだけが残されている。『京都府レッドデータブック』によれば、絶滅危惧種にランクされている。林内の上谷、枕谷などにはたくさんあるが、芦生以外には稀なのである。

芦生にはこのアシウテンナンショウ以外に、コウライテンナンショウ（マムシグサ）、ムロウテンナンショウがあるが、簡単に区別できる。

貴重な植物

ゼンテイカ（ニッコウキスゲ）〔ユリ科〕

ゼンテイカ（ニッコウキスゲ）(*Hemerocallis dumortieri* var. *esculenta*) は樺太、南千島、北海道、本州に分布し、日光の名をもつ通り亜高山の湿原を彩る植物としてミズバショウと人気を分けるものだ。一般にはニッコウキスゲの名の方が通っている。これまでその分布の南限は滋賀県伊吹山とされていた。ところが、このゼンテイカ（ニッコウキスゲ）が、一九六四年、当時研究林に勤務されていた吉村健次郎・神崎康一さんよって林内の中ノツボで発見され、元・京都大学理学部講師の村田源さんの同定を受けて、まちがいないことがわかった。

その後、一九七四年六月、隣接の滋賀県朽木村（現・高島市）白倉山で当時京都府立鴨沂高校山岳部の竹内久明、伊藤慎一、菊池彦光さんによって発見され、

芦生のゼンテイカ（ニッコウキスゲ）〔ユリ科〕
（滝近くの崖に自生、大きな葉はミズギボシ）

一九七六年中川誠四郎さんによって報告された。ついで一九九五年、京都市左京区久多上の町の京都府立大学演習林にも自生することが確認された。ゼンテイカは普通、湿原の植物だが、芦生研究林ではヒツクラ（櫃倉）谷の支流中ノツボと呼ばれる谷の急傾斜の岩盤露出地に、それも滝のしぶきが飛んでくるようなところに自生している。ここには入口から一二の滝が連続し、七番目、いわゆる中ノツボの右岸の岩の上にモミジバチャルメルソウ、ダイモンジソウ、ウワバミソウ（ミズ）、イワタバコ、イワギボシ、スゲ類に混じってある。左岸にはないようだった。なお、この谷の遡行記録は広谷良韶『深山・芦生・越美　低山趣味』にある。

　私が芦生演習林の助手として赴任した直後、一九六六年春の開花時期にここまで行って、数株をもってきて構内に移植した。現在、研究林の学生宿舎前にあるゼンテイカがそれであろう。赴任中の六年間、演習林のすみずみまで歩いたのだが、他の谷にはどうもないようだった。とはいえ、花でも咲いていない限り、わからないであろう。三国岳の京都市側でみつかったのだから、研究林側の大谷の奥あたりにはあるいはあるのではと思っている。

　ゼンテイカは寒冷期には西日本まで広く分布したも

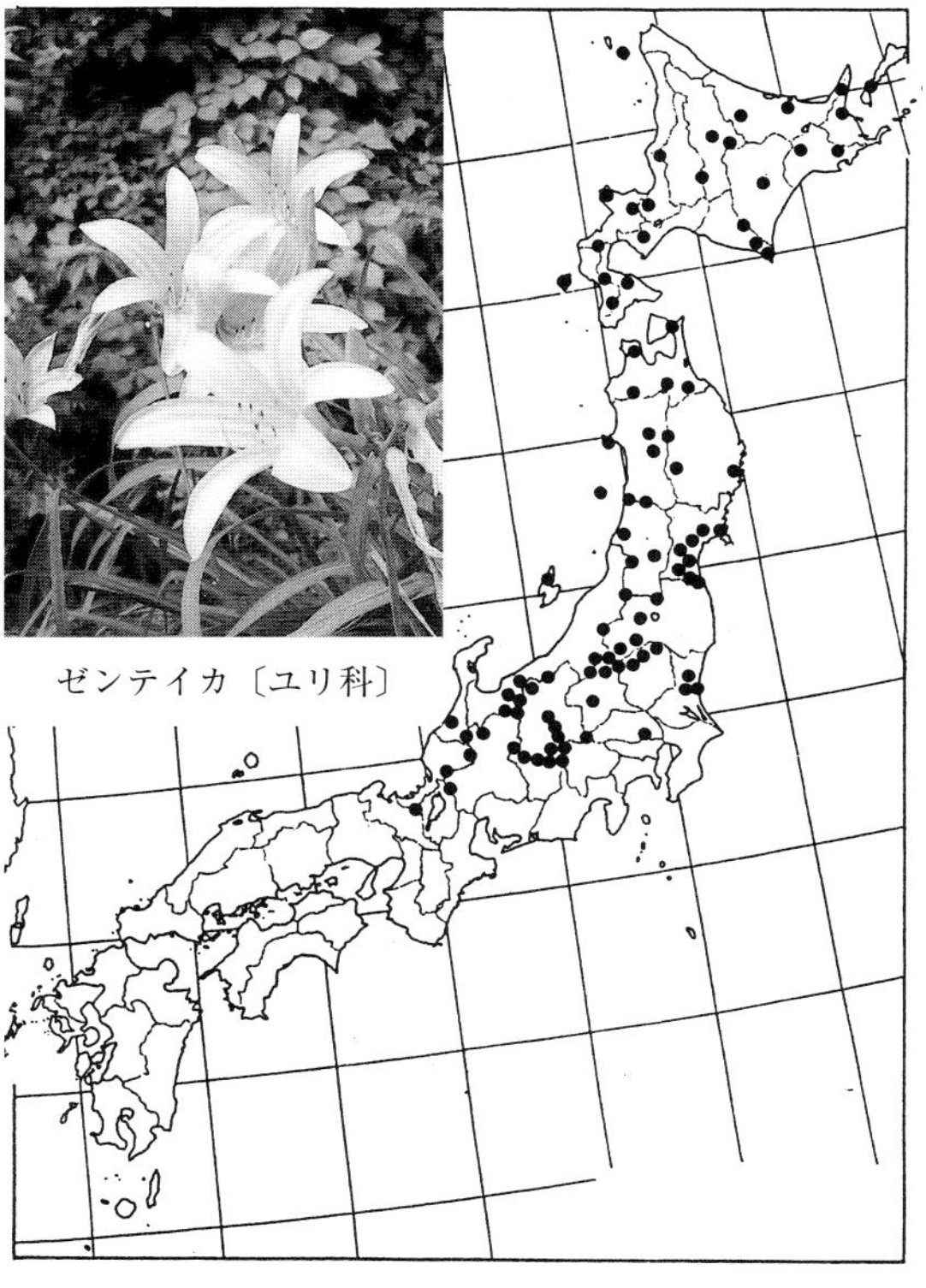

ゼンテイカ〔ユリ科〕

ゼンテイカの分布（野口プランタ二八、一九九三より）
（芦生、久多、朽木が分布の西限になる）

のの、氷河の後退とともに分布域が後退したが、一部は滝や岩石地など他の植物との競争の少ないところへ生き残った。オオバキスミレ、タイミンガサ、チヨウジギクなどとともに氷河期の遺残植物の一つとされるものである。

ツリシュスラン〔ラン科〕

ツリシュスラン（*Goodyera pendula*）は冷温帯のミズナラ老木の枝上やこけの生えた石などに着生する日本固有種で、北海道から九州に分布するものの稀産種とされている。樹上ではぶら下がり、花穂だけ反転して立ち上がり、白い花を片側だけにつける。

近畿では兵庫、和歌山、奈良、三重県に分布するも稀とされ、『レッドデータブック近畿二〇〇一』では絶滅危惧種、『京都府レッドデータブック』（二〇〇二）では京都府下では最近確かな情報が得られないと、ノビネチドリとともに絶滅種として取り扱われている。

ツリシュスランは芦生研究林では岡本省吾さんの「芦生演習林樹木誌」（一九四一）に記録され、竹内敬『京都府草木誌』にも記載がある。私の『京都の秘境・芦生』のリストにも掲載したが、一九六五年当時の伐採のもっとも進んだ時期、伐りだされるミズナラの大木にヒナチドリ、ヤシャビシャクなどとよく一緒にくっついていた。

二〇〇四年一〇月のこと、長治谷のテント場横近くで倒れたミズナラの大木

ヒナチドリ〔ラン科〕

ツリシュスラン〔ラン科〕〈写真　小倉研二〉

に本種が着生しているのを藤木大介さんがみつけ、村田源さんに報告された。一一月、芦生研究林へ行く予定があったので、村田さんに同乗していただき、直接確認していただいた。数株を持ち帰り、京都府立植物園ガラス室で育てていただいたところ、翌二〇〇五年六月、開花したとのことである。

確実に芦生に分布しているが、樹上にあるので確認は簡単ではない。あとで述べるカシノナガキクイムシによるミズナラ老齢木の枯死が急速に全域に拡大し、本種の生存を大きく脅かしている。

モミジチャルメルソウ〔ユキノシタ科〕

モミジチャルメルソウ（*Mitella acerina*）は芦生では上谷・下谷などの緩やかな谷沿いにごく普通にある。五～二〇cmの長い葉柄の先にモミジ状に裂けた葉を着ける。葉の表面には光沢があって粗毛をもつ、花茎も一五～三〇cmと長い。本種の分布は京都・滋賀・福井の日本海側のわずかな地域とされている。

コバマユミ〔ヒメコマユミ〕〔ニシキギ科〕

生花でよく使うコルク質の翼のあるニシキギは知っておられよう。このニシキギのコルク質の翼の発達しないもの

モミジチャルメルソウ
〔ユキノシタ科〕

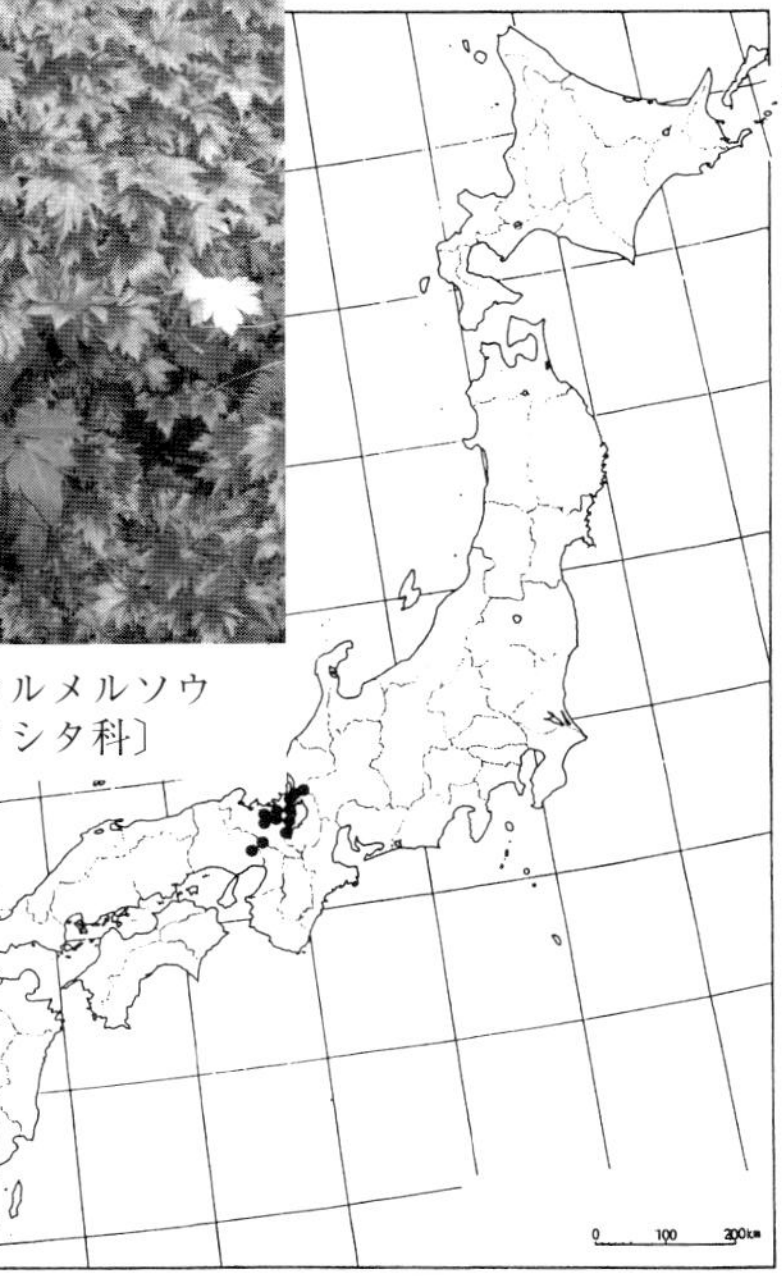

モミジチャルメルソウの分布
（Yasuda, S. & H. Nagamasu 一九九五より）

をコマユミ、さらにとくに葉の小さなものを、コバマユミ（ヒメコマユミ）(*Euonymus alatus* form *microphyllus*) とコマユミ (form *stratus*) とに分けている。先の中井猛之進さんの『植物研究雑誌』一七巻（一九四一）の芦生の植物紹介の中で、これは朝鮮鬱陵島とここ芦生だけだと強調されたが、現在ではコバマユミは北海道から九州、コマユミは北海道から九州、サハリン、朝鮮、ウスリーなどにも広く分布するとされ、芦生特産というものではないようだ。芦生にはこの両タイプとさらには両者の中間型があるとされる。

長治谷の芝生のところに植え込んであるが、きれいにシカに刈り込まれている。

この他、京都府絶滅寸前種としてランクされているエンコウソウ（リュウキンカ）、サイインシロカネソウ（ソコベニシロカネソウ）、モミジカラマツ、ヤシャビシャク、ミツモトソウ、チョウジギク（クマギク）、ヒメシャガ、ミヤマネズミガヤ（コシノネズミガヤ）、ヒメザゼンソウ、タヌキラン、ヌマハリイ（オオヌマハリイ）、サルメンエビネ、クマガイソウ、ミズチドリ、トキソウ、絶滅危惧種のギンバイソウ、アカモノ、キヨスミウツボ、タイミンガサ、ナツエビネ、トケンラン、ジンバイソウ、コバノトンボソウ、ショウキラン、準絶滅危惧種のミズメ、マツブサ、キケマン、ズミ、オオウラジロノキ、フジキ、ミツデカエデ、カジカエデ、メグスリノキ、ヒナウチワカエデ、カラスシキミ、オオバキスミレ、エイザンスミレ、ハシリドコロ、イワギボウシ、キンラン、

コバマユミ〔ニシキギ科〕

トキソウ〔ラン科〕

オニノヤガラ、アケボノシュスラン、ジガバチソウなどがある。
このほか、オヒョウ、コウヤマキ、ウラジロレンゲツツジ、ヒカゲツツジ、ウラジロハナヒリノキ、ツクバネ、ヤマヤナギ（ダイセンヤナギ）、ツチアケビ、エンレイソウ、サンヨウブシ、フタリシズカ、ヤマシャクヤク、イワウチワ（トクワカソウ）、オオイワカガミ、バイケイソウ、マルバフユイチゴ、シダでもオオバショリマ、イワヤシダ、ヌカイタチシダモドキ、ナカミシシランなど、分布上貴重な種がたくさん分布する。植物の好きな方にとってはどれも感激の対面になるものだ。

不思議なのが、まだカタクリがみつかっていないことだ。周辺地域にあるのだから、どこかにあると思っている。早春、花が咲く時期に歩かれる方に注意していただきたいことだ。

変化する植生

拡大するシカによる食害

芦生からネマガリダケ（チシマザサ）の藪がなくなった。枕谷から三国峠への登山道などでは、はるか下の谷底を流れる水がみえるほどだ。このネマガリダケのなくなったことは芦生での景観上のもっとも大きな変化であろう。北山クラブ『京都北山百山』の三国岳などの紀行をみても、「ヤブに思い切って突っ

ショウキラン〔ラン科〕

ツチアケビ〔ラン科〕

込む」といった記述があちこちにある。ネマガリダケの消滅はシカによる被害・摂食とされているが、ササの一斉開花も同時に起こったようである。最近、シカが増えたことは確実だ。これまで足跡のなかった上谷や枕谷にもたくさんの足跡があり、いたるところに糞が落ちている。シカは一日、約四kgも食べるという。このシカの摂食による地表植生の消失は大きい。日本のブナ林の特徴は林床にネマガリダケが繁茂することであるが、芦生ではヨーロッパのブナ林のように林床に植生の乏しい明るい森林になった。

シカによる食害で信じられないのが、ハイイヌガヤの消滅だ。日本海側に分布する伏条性をもつハイイヌガヤはしなやかで曲げてもポキッとは折れない。斜面で大雪に押し付けられても、春にはかならず起き上がってくる。曲げても折れないのだから、ウシの鼻輪をこれでつくった。もう一つがカンジキだ。曲げて一部を針金でしばるだけだ。見よう見真似で、いや手伝ってもらっていくつかカンジキをつくった。その材料のハイイヌガヤはどこにもあった。チャボガヤのように葉は尖らず痛くない。シカがこの低木の針葉樹が好きとは知らなかった。チャボガヤももちろん食べている。しかし、ハイイヌガヤの消失は早かった。今では捜さないとみつからない。

植物にとって二〇〇五年は異常な年であった。オオバアサガラ、ハクウンボクの花がよく咲いたし、ブナの結実年で、大豊作であった。同時に普段見なかったクマシデ、オオウラジロノキの結実も眼を引くものだった。

ハイイヌガヤ〔イヌガヤ科〕（幹は曲げても折れないので、ウシの鼻輪やカンジキに使った）

ブナの実

ブナの結実は四～五年、あるいは七年ごとなどといわれるように、年ごとの結実量・豊凶の差が大きい。結実年には落下数は一m^2あたり三〇〇～一、〇〇〇個にも達し、直径一mを越える大木では一本で五〇万個もの種子を生産するという。ブナの実は長さ一cmの殻の中に三角錐の硬果（ナッツ）が二つ入っている。ソバ（蕎麦）の実に似ているというので、ソバグリという地方名もある。小さいので殻をとるのが面倒だが、炒って食べてもおいしいものだ。

ブナの天然更新にとっては、ネマガリダケがなくなり地表が露出したことで、発芽・定着がより大きく保障される。上谷などに大きな区画の永久試験地が設定されているが、二〇〇五年秋のブナの種子落下量は三〇〇個／m^2だったという。ここではすべての樹木の位置とその大きさなどが記録され、一〇年ごとに調査され、どのくらい大きくなったか、新しく加わったもの、枯死したものが調べられ、森林の推移・変化が追跡されている。

次の年、二〇〇六年春の残雪の上に残るブナの穀斗もすごかった。ブナの殻の落下は普通、落葉と同時であるが、種子だけが先に落ち、殻だけがしばらく樹上に残ることがある。しかし、残雪の上にたくさんの殻があるということは、雪が降ったあとでこれらが落ちてきたということだ。実際、一二月上旬の初雪が根雪になったらしい。

四月末にアサガオの発芽とまちがえそうな子葉を展開させていた。この年、二〇〇六年春に発芽した個体によって、次のブナ林が維持されるのかも知れな

地表に落ちたブナの実

ブナの発芽

いと思った。ところが、秋に歩いてみるとあれだけあったブナの実生がほとんどなかった。

シカによる害には林床植生の採食（グレージング）、樹木の枝・葉の喫食（ブロウジング）、剝皮、角研ぎなどがあるが、採食によって実生や幼稚樹の消失を引き起こし、枝葉の喫食・剝皮は好みの樹木に集中するので、これら特定の樹木の枯死・消失により構成樹種の変化・森林の構造の変化が起こる。現実に草原状の空き地があちこちに出現し、シカの食べないバイケイソウ、サンヨウブシ（トリカブト）、オオバアサガラ、イ（イグサ・トウシンソウ）などが残り、ハイイヌガヤなどは完全に姿を消し、あの棘だらけのアシウアザミも消えている。アシウテンナンショウも食べないのかもしれない。アシウテンナンショウだけが残っているところがある。

しかし、シカは大雪には弱い。二〇〇六年冬の大雪でも集団での死亡があちこちの谷で確認されている。あるいはシカの個体数がこれで少し減ったのかも知れない。

スギの人工林などとくらべ、ブナ天然林の保水力は大きいとされているが、これにはネマガリダケ（チシマザサ）など地表植生の存在も効いている。しかし、その地表植生がなくなっているのである。夕立などちょっとした雨のあとでも、上谷やヒツクラ（櫃倉）谷で、急に濁流がでてくるのである。以前はこんなに濁ることはなかった。この現象も地表植生のなくなったことが原因だろう。

シカの食べないオオバアサガラ（左）とサンヨウブシ（右）だけが残る

ミズナラの大木が枯れる──カシノナガキクイムシ〔ナガキクイムシ科〕

芦生でミズナラの大木がカシノナガキクイムシによって枯れている。カシノナガキクイムシ（*Platypus quercivorus*）〔鞘翅目ナガキクイムシ科〕とは体長約五mm程度の円筒形の小さな甲虫、ナガキクイムシの仲間で、一九三四年頃、九州で一時発生、その後、一九四七年頃、兵庫県で突発、そして一九八〇年以降、山形県以西の日本海側各地を主に、太平洋側でも鹿児島、高知、三重でも被害が蔓延・拡大し続けている。現在では常緑のウバメガシ、アラカシ、ウラジロガシ、シイ、マテバシイ、落葉性のブナ、ミズナラ、コナラ、クヌギ、クリなどブナ科の樹種が被害を受けている。京都東山のシイ・カシ類が枯れているのも、このナガキクイムシによるものだ。

この小さな昆虫が、芦生のミズナラの大木を枯らしているのである。マツノザイセンチュウによる「マツ枯れ」に対応して「ナラ枯れ」と呼んでいる。芦生への侵入は二〇〇三年頃からで、夏まえにミズナラやコナラの巨木が赤褐色に変色し、この被害の発生に気づく。芦生へは杉尾峠や三国峠を越えての北の福井県側からの侵入でなく、南の由良川下流からの侵入であった。現在、事務所のある下流の芦生地区での被害が大きいが、上流へも被害が拡大している。枯れたミズナラの樹幹下部に直径二mm程度の小さな穴があき、ここにフラスと呼ばれるたくさんの木の粉が吹きだしている。カシノナガキクイの成虫が穿孔

ミズナラの巨木（ドングリは冬ごもりまえのクマの主食だ）

した痕である。枯れても葉は落ちずに枝に着いたままである。

樹幹周囲の樹皮を剥いで枯らす、いわゆる「巻き枯らし」をしてもなかなか枯れないミズナラの巨木がこんな小さな虫の穿孔、それも表面からせいぜい五cmの穿孔で簡単に枯れてしまう。ナガキクイムシの雌成虫はこの穴の中でナラ・カシ萎凋病やニレ立枯病菌と同属のナラ菌（*Raffaelea quercivora*）と酵母菌とを繁殖させる。幼虫はこの酵母菌を食べて生長するらしいのだが、このナラ菌の繁殖で水や栄養を運ぶ導管が破壊されてしまうらしい。成虫の胸（前胸背板）に丸いへこみが五〜一〇数個あり、ここに菌をつけて運びこれを繁殖させるという。

この昆虫の増殖・被害の拡大には、酸性雨・酸性降下物の影響説、地球温暖化でのこのナガキクイムシの分布拡大説とナラ類の衰弱説などがあったが、薪炭林・里山の手入れ不足で、ナラ類が放置され、この老齢木が増加し、ここから大量に発生、被害が拡大したのではともいわれている。しかし、芦生では天然林としてミズナラの巨木・老齢木はあったものの、単木での自然枯死で、このような集団枯死はなかった。この病原菌はシイタケ菌に負けるので、枯死直後のミズナラにシイタケ菌を接種すると被害の拡大を防止でき、おまけにシイタケが収穫できると宣伝されている。すべての被害木にシイタケの種駒を打つのはたいへんだが、山にシイタケがたくさんあるということになるのかも知れない。

ミズナラの巨木が枯れると大きな空き地（ギャップ）ができる

ミズナラの大木が枯れると大きな空き地（ギャップ）ができる。この空き地にブナやミズナラの稚樹がはえ、更新が加速される。しかし、一方で、その空き地が多いと、ミズメ、ヤマナラシ、アカメガシワなどの陽樹が優占し、また台風など気象害を受けやすくなる。ミズナラ・コナラは伐っても切り株から萌芽をだし、天然更新する。薪炭林・二次林ではこれらの多くが株立ちになっている理由だが、枯れた場合はこの萌芽はでない。天然更新は容易でないということになる。ミズナラ・コナラのドングリがならないということだ。

あとで述べるように、ミズナラ・コナラのドングリはツキノワグマの最も頼りになる食べものである。これがなければクマの生存も危うくなる。また、「チョウ」で述べるように、ゼフィルスと呼ばれるミドリシジミ類の幼虫の多くはミズナラ・コナラを食樹とする。これらの生息にも影響がでてくるのかも知れない。今後の被害の推移と森林構成への影響を注意深く見守る必要がある。芦生の森に大きな変化が起こっていることはまちがいない。

温暖化の影響

芦生の年平均気温は一一・七℃といったが、これは芦生で気象観測が始まって以来の平均値である。近年の暖冬、夏の猛暑が続くことを考えても、何となく地球の温暖化は感じられる。芦生の年平均気温は一九七〇年代には一一・

大雪のあとの研究林学生宿舎

〇℃、一九八〇年代が一一・三℃、一九九〇年代には一二、七℃に上昇しているという。一九六六年から一九七二年までの六年間、常駐したことを述べたが、冬の暮らしのたいへんなことはよくわかった。水道は止めると凍結し春まで使えない。注意を受けていたのだが、つい止めて数日間、留守にして帰ってきたら、水がでなくなっていて困ったことがある。雪は毎日降るのではない。三～四日間、連続して降り、そのあとにはかならず明るい朝がきた。

ウサギやキツネの足跡を追ってのアニマル・トラッキングは楽しいものであったが、大雪のあとの屋根からの雪下ろし、道路の雪かきはたいへんだった。庭に一〇cmごとにマークをつけた二mの積雪計を立て、積雪量をみていたのだが、最大一八〇cmになった。こうなると雪下ろしでなく、家のまわりの雪をまわりに積み上げるということになる。窓が割れないように、外側には厚い板が立て掛けてある。昼間でも電灯をつけないといけないほど、室内は暗い。雪が止み、朝日がでるまで陰気なものだった。部屋の襖が動かない。本当に誰かが中で引っ張っているようだった。理由を知らなければ、気味の悪い現象だが、これは屋根の上に数トンもの雪がのっているためだ。

その雪が最近少ないという。雪のない正月さえあったそうだ。ご存知のように、標高一〇〇mで気温は約〇・五℃低下する。一九七〇年代とくらべ、一九九〇年代が一・五～二℃の気温上昇だとすると、これは標高三〇〇mのちがいだということになる。植物にとっては温暖化によって、三〇〇mの高いところ

冬のブナ林（たくさんのヤドリギがついている）

大雪の日のわが家

へ移行するということだ。これは現在、芦生では標高六〇〇mででてくるブナノキが三〇〇m後退し、標高九〇〇mででてくるということになる。フィールド科学教育研究センターの安藤信さんは、現在全面積の八〇%を占めているいわゆるブナ帯が三国岳、ブナノキ峠、小野村割岳など標高九〇〇m以上のところにだけでてくることになり、その面積はわずか一%に減少してしまうと予想されている。大きな変化はすでに起こっているのかも知れない。

しかし、その変化は眼でははっきりしない。そのため上谷のモンドリ谷に一六ha、内杉谷の幽仙谷に八haなどの大面積の永久調査地を設定し、森林の変化を継続調査している。これで図面上で、またデータとして、その変化が追える。とはいえ、現状の森林が大きな変化なく推移して欲しいものだ。

コケとキノコ

コケ類

ブナノキやミズナラの幹、それも地際《じぎわ》はたくさんのコケ(苔)で覆われている。そのかたちから何種類もあることがわかる。コケが一番きれいなのは、雨の多い梅雨時期ではない。まちがいなく根雪後の真冬だ。

芦生のコケ類についてのまとまった報告はないようだが、『京都府レッドデータブック』(二〇〇二)に芦生を産地としたたくさんの種が記載されている。こ

倒木の上のコケ

れによれば、クマノチョウジゴケが芦生・広河原〜佐々里峠、コシノヤバネゴケ、ツブテゴケ、ヒメヤノネゴケ、コウヤハイゴケ、エゾヤバネゴケ、エゾヒメヤバネゴケ、ヤハズツボミゴケ、ヒメツボミゴケ、フォウリイイチョウゴケ、キヒシャクゴケ、コモチハネゴケ、エゾノケビラゴケは府下では芦生のみ、ヨウジョウゴケは芦生と貴船のみでいずれも京都府絶滅寸前種、サワゴケ（マキバサワゴケ）、イトヤナギゴケ、コフサゴケ、フタバムチゴケは芦生のみ、ホソバミズゴケは芦生と美山町洞谷、チヂレタチゴケは芦生・金比羅山・廃村八丁、イワマセンボンゴケは京都市北区菩提の滝〜鷹ヶ峰と芦生、ナガクビサワゴケは芦生・廃村八町・京都高尾、ヤリノホゴケは芦生と宇治田原、ネジレイトゴケは芦生と大江山、ヤマハイゴケが芦生と廃村八丁、キリシマゴケが芦生・廃村八丁・美山町音谷の滝・大悲山、オヤコゴケは芦生・洞谷・廃村八丁・長老ヶ岳・大悲山、フサアイバゴケが芦生・大悲山、オオヒシャクゴケが芦生・美山町音谷の滝・大悲山、チチブハネゴケが芦生と日吉町足尾谷だけに分布するとされ京都府絶滅危惧種、ハットリチョウチンゴケ、コウヤノカンネングサ、イタチゴケ、ホラゴケモドキ、ミヤマホラゴケモドキ、マルバヤバネゴケ、マルバコオイゴケモドキ、ヒメハネゴケ、モミジスジゴケなどが準絶滅危惧種にされている。流水中に生育するコケの仲間、コシノカバネゴケも数少ない産地の一つだとされる。

ブナの幹にもたくさんのコケがつく

キノコ

日本菌学会関西談話会では毎年、長治谷小屋へ合宿してキノコ類の調査を続けていた。一九六七年、『日本菌学会会報』八巻二号に「京都大学芦生演習林の菌類」として、二八三種・三変種・二品種を確認したと発表し、種名の未決定のものがまだ多数あるとしている。中でもツバフウセンタケモドキ（*Cortinarius subarmillatus*）とチャモエギタケ（*Stropharia aeruginiosa* form *bruneola*）は新種・新変種として記載されたものであるとされる。この他、アシボソクリタケ、アカゲフウセンタケ、クサイロハツ、トガリヒメフウセンタケ、キツバフウセンタケ、ミヤマイタチタケなどは日本未記録であったもので、芦生で発見されたものだとされる。

『京都府レッドデータブック』（二〇〇二）によれば、タマノリイグチは府下では芦生のみの記録であるが、一九六八年以来見つからず絶滅種、ツキヨタケも準絶滅危惧種になっている。

夏季七月にはテングタケ、ベニタケ、イグチ類が、秋九月にはフウセンタケ類が多く発生し、この時期にキノコ類がもっとも多いという。中でもテングタケ類は二〇種・三変種も記録されている。ツキヨタケがブナの枯れ木に樹皮もみえなくなるほどたくさん着いている。シイタケとはまちがえるはずがないと思えるのに、ツキヨタケをシイタケとまちがえ食べて中毒したというニュースがよくある。もって帰って電灯を消し、暗闇にすると、蛍光灯の残光のように

ナメタケ（ナメコ）

ベニテングタケ

青白く光る。

ミズナラ・コナラの倒木にはびっくりするほどの大きな天然のシイタケがでていることがある。生きているミズナラの地際にはマイタケが、そして初雪のあとのブナの倒木にはナメタケ（ナメコ）がでる。ムキタケもブナの枯れ木に発生する。

芦生のカエデ（モミジ）

芦生にはオオモミジ、ヤマモミジ、チドリノキ（ヤマシバカエデ）、ミツデカエデ、ウリカエデ、カジカエデ、ハウチワカエデ、コミネカエデ、オニイタヤ、ウラゲエンコウカエデ、イタヤカエデ、アカイタヤ（ベニイタヤ）、メグスリノキ、テツカエデ、イロハモミジ、ウリハダカエデ、コハウチワカエデ、ヒナウチワカエデなどがある。

カエデとは「蛙の手」からきているそうだ。イロハモミジやコミネカエデなどをみれば、それに納得する。芦生にもたくさんの種類のカエデがあるが、その大きさ・かたちは種によって大きくちがう。一番小さなものはヒナウチワカエデ、一番大きなものはテツカエデであろう。中でもミツデカエデ、カジカエデ、メグスリノキ、チドリノキなどは葉だけ見てカエデの仲間とはわからない。とくに、チドリノキはヤマシバカエデの名があるように、葉は対生ではあるも

メグスリノキ〔カエデ科〕（葉は３小葉に分かれる、材あるいは樹皮を煎じると目薬になるとされる）

チドリノキ（ヤマシバカエデ）〔カエデ科〕

のの、サワシバ、クマシデなどのシデの仲間かと思ってしまう。カエデ特有のプロペラ果がついているかどうか注意することだ。

赤く紅葉するのはコミネカエデ、オオモミジ、ヤマモミジ、メグスリノキ、コハウチワカエデ、ハウチワカエデなどで、葉の大きなテツカエデ、イタヤカエデ、ウリハダカエデなどは黄葉する。カエデ類の葉を集めるのもおもしろい。

植栽された外国産樹種

芦生研究林は、林学（森林）研究、林業実習のために設置された研究（演習）林であったため、研究林設定以来、これまでに八〇種以上の樹種が導入、試験植栽されている。そのうち外国産樹種は四〇種にも及ぶ。スギ・ヒノキに替わる優良造林樹種の選定と生長試験、ウルシ・サトウカエデ・キハダなど特用樹種の植栽、そして研究・教育のための見本園・樹木園造成のための導入であった。多くは戦前に導入・植栽されたものであるが、戦中・戦後の手入れ不足で、消滅しているものも多い。それでも林内のあちこちに、これら植栽樹木を認めることができる。

一方で、これ何に？　と、知らない樹種、もともとここに自生しない樹種がでてくることになる。芦生研究林の自然を紹介しているのであるが、過去の歴史の中で、多様な外国産樹種が林内にあることを知っていただき、林内で出会うこれら外国産樹種にも興味をもって観察していただきたい。

芦生研究林の外国産樹種・国内産導入樹種については、フィールド科学教育研究センターの安藤信・中根勇雄・川那辺三郎（『演習林報告』六三、一九九一）さんがまとめておられる。それによると、演習林設定直後の一九二五（大正一五）年にはアスナロがあちこちに植栽されている。これは自生のアスナロの枝を切り、山地に直接挿す山地直挿しによったものであるという。同時にクリ、キリなどが植えられている。その後、一九二八（昭和三）年、野田畑、赤崎、小ヨモギに見本林が造成され、野田畑にはカラマツ、台湾原産のランダイスギ（*Cunninghamia konishii*）、赤崎にはケヤキ、ランダイスギ、コノテガシワ（*Thuja orientalis*）、シナノキ、中国原産のエンジュ（*Sophora japonica*）、小ヨモギにはキハダ、北アメリカ北部原産のバンクスマツ（*Pinus banksiana*）が植栽された。さらにその後、小ヨモギにはクロマツ、モミ、ヤツガケトウヒ、コウヤマキ、ヒメバラモミなどが植えられた。

戦後は一九五〇年ころからウルシ（*Rhus verniciflua*）とキハダが導入され、本流沿いや中山・長治谷などに植栽された。学生実習で長治谷のウルシ林の下刈りをさせられたことがあるが、ウルシに弱い私はひどくかぶれたことがある。一九五四年、中国、四川省・湖北省原産の生きた化石といわれるメタセコイア（アケボノスギ）（*Metasequoia glyptostroboides*）が初めて導入され、挿し木によって苗木をつくり、一九六〇年までの間に小ヨモギや内杉谷に植栽された。内杉

メタセコイア林〔スギ科〕（内杉谷）

谷の研究林のゲートを過ぎて、林道沿いに並ぶ大きなメタセコイアがそれである。雪深いところのそれも傾斜地なので、うまく育つかなと生長を心配したが、現在見るように立派なメタセコイア林になっている。

とくに、一九三一（昭和六）年に始まった扇谷の見本林造成は一九三九年まで続き、面積は約六ha、導入樹種は三七種、約一六、三〇〇本にも及ぶとされる。ヨーロッパ原産のドイツトウヒ（オウシュウトウヒ）（*Picea abies*）、アメリカ北部原産のバンクスマツ、レジノサマツ（*Pinus resinosa*）、アメリカ中北部原産のニオイヒバ（*Thuja occidentalis*）、センペルセコイア（*Sequoia sempervirens*）、朝鮮・中国北部原産のチョウセントネリコ（*Fraxinus rhyncophylla*）、チョウセンカラマツ（*Larix olgensis* var. *koreana*）、すでに述べた台湾原産のランダイスギ、中国原産のカシグルミ（*Juglans regia*）、九州、宮崎飫肥からのスギなどが植栽された。

その後、ここにはアメリカ原産のネグンドカエデ（*Acer negundo*）、サトウカエデ（*Acer saccarum*）、ブラックヒッコリー（*Carya tomentosa*）、ホワイトヒッコリー（*C. alba*）、リギダマツ（*Pinus regida*）、エンピツビャクシン（*Juniperus virginiana*）、朝鮮原産のチョウセントネリコ、チョウセンマツ（*Pinus koraiensis*）、チョウセンモミ（*Abies holophylla*）、チョウセンカラマツ（*Larix olgensis* var *koreana*）、ヤチダモ（*Fraxinus mandshurica*）、樺太原産のエゾマツ、グイマツ（*Larix gmelinii*）、国内産のカラマツ、サワラ、トガサワラ、ヤツガタケトウヒ、イチイ、ヒメバラモミなどが植栽された。当時、京都大学は樺太、朝鮮、台湾に大きな演習林

ドイツトウヒ林〔マツ科〕（扇谷）

をもっていた。台湾、朝鮮、樺太原産のものはここから導入されたのである。

しかし、ドイツトウヒの種子はドイツからの直接導入でなく、一九三〇年、長野県諏訪大社のドイツトウヒの種子を採種し、中山苗畑で養苗し、一九三六年扇谷に植栽されたとされる。長治谷への林道が開設されるまえ、歩道はこのドイツトウヒ林の中を通っていた。ここへ来ると長治谷はもうすぐと感じたところである。

しかし、ここでも戦中・戦後は手入れ不足だったので、どの樹種がどれだけ残っているか、よく調べられていない。一九五五年頃から、見直しが行われ、一九六二年、ヒマラヤ原産のモリンダトウヒ（ヒマラヤハリモミ）（*Picea morinda*）、ランダイスギ、一九七一年には長野・北海道産のウラジロモミ、カラマツ、アカエゾマツ、トドマツが植栽され、シラカバの直播が行われた。

その後、外国産樹種の導入は下火になるが、一九七六年、長治谷、下谷・宮の森などに北海道のヤチダモ、ハルニレ、シラカバ、中国原産のイヌカラマツ（金松）（*Pseudolarix amabilis*）などが試験植栽されている。中山から長治谷への林道の山側にヤチダモ林、長治谷の少し上にイヌカラマツ林がある。見慣れた信州のカラマツと少し感じがちがうことがわかっていただけよう。ケヤキ峠からオオノ谷・ケヤキ荘までの間、尾根側にもモリンダトウヒの植栽地がある。

戦前にはサトウカエデ（シュガー・メイプル）が植えられ、自生のイタヤカエデからメイプル・シロップの採取・生産も試みられたらしい。とんでもない

イヌカラマツ林〔マツ科〕（長治谷）

ところに植栽された樹木があるということだが、当時のこと、植栽記録の残っていないもの、同定の怪しいものもある。長治谷にシナノキが一本あるが、これなども自生でなく、あるいは植栽されたものかも知れない。

芦生の花ごよみ

植物の好きな方は多く、憧れの植物への初めての対面では大きく感動される。芦生の花ごよみを、在勤中に書き綴っていたノートからつくってみた。しかし、四月下旬から五月上旬に咲くといった場合、どちらにするか困ったし、開花も本流筋・内杉谷と、上谷・下谷でも二週間くらいのちがいがある。おまけに、サンヨウブシ、クサギ、ノリウツギなどのように、かなり長い期間、次々と花を咲かせるもの、あるいは花やがくが落ちないものがある。どこにでもみられるものもあるし、ある限られた場所にしかないものもある。もちろん、その年の気象条件によっても開花時期は大きくちがう。大まかな目安としていただきたい。

三月　フキ、ネコヤナギ、オノエヤナギ、マルバマンサク

四月　タチツボスミレ、ハルリンドウ、キケマン、シュンラン、ヒメエンゴサク、イカリソウ、キブシ、イワウチワ（トクワカソウ）、イワナシ、キンキマメザクラ、タムシバ、ユキグニミツバツツジ、ニリンソウ、イチリンソウ、エ

ニリンソウ（八重咲き）〔キンポウゲ科〕（早春の花、稀に３輪もある、山菜として食べる）

キンキマメザクラ〔バラ科〕（残雪の残るころ小さな花をつける）

ンコウソウ（リュウキンカ）、アセビ、ショウジョウバカマ、ザイフリボク、ダンコウバイ、コバノミツバツツジ、ワサビ、フタリシズカ

五月　ホンシャクナゲ、ヒカゲツツジ、イカリソウ、エイザンスミレ、チゴユリ、ホウチャクソウ、ミズチドリ、オオバアサガラ、ウワミズザクラ、ハシリドコロ、バイケイソウ、ウツギ、エゴノキ、ガマズミ、コバノガマズミ、ヤブデマリ、オオカメノキ、キンラン、オオイワカガミ、サワフタギ、ヤマツツジ、バイケイソウ、トチノキ、ホオノキ、ミズキ、ヤマフジ、ミヤマヨメナ、アズキナシ、シライトソウ、アカモノ、ヤマボウシ

六月　アシウテンナンショウ、タニウツギ、ショウキラン、ギンリョウソウ、コアジサイ、ヤマ（サワ）アジサイ、ツルアジサイ、ネジキ、ハクウンボク、バイケイソウ、サンヨウブシ、ツリバナ、サイハイラン、ミヤマシグレ、

七月　ツチアケビ、ツリフネソウ、ノリウツギ、ママコノシリヌグイ、イワタバコ、イワガラミ、ナツツバキ、トキソウ、

八月　ミソハギ、ネムノキ、ヤマジノホトトギス、クサギ、ホツツジ、カリガネソウ、オトコエシ、ナツエビネ、サルメンエビネ

九月　ゲンノショウコ、アケボノソウ、アシウアザミ、ミカエリソウ、フシグロセンノウ

一〇月　アキノキリンソウ、ダイモンジソウ、アキギリ

フタリシズカ〔センリョウ科〕（二人静、いい命名である）

ヤマボウシ〔ミズキ科〕（大きな白い花〔総苞〕を僧兵の頭巾にみたてたという、芦生には赤い花もある）

ダイモンジソウ〔ユキノシタ科〕（湿った岩の上で文字通り「大」の字の花をつける）

III

芦生のツキノワグマ

芦生にクマが四〇〇頭？

芦生はクマ（ツキノワグマ）（*Selenarctos thibetanus japonica*）の生息地として知られ、周辺地域にクマが出没しても、「演習林のクマがでた」といわれるほどであった。芦生研究林でのクマの生態調査については、渡辺弘之『ツキノワグマの話』（日本放送出版協会）（一九七四）、『全集日本動物誌』二六（講談社）（一九八四に再録）、渡辺弘之『クマ　生き生き動物の国』（誠文堂新光社）（一九八八）にくわしく述べてあるので、ここにはいくつかの話題についてだけ述べる。

どの新聞だったか芦生にクマが四〇〇頭と出ていたことがある。私がいった数字ではない。あとで、あの数字はと聞かれ「うそ八〇〇の半分か？」と答えたことがある。手元にある一九六六年五月三一日付け「毎日新聞」・「京都新聞」には「芦生にクマが二〇〇頭」という記事がでている。一〇haに一頭ということになる。四〇頭程度かなとも思っていたが、ちょっと多すぎる。地元の猟師に聞くと、この芦生のクマにも地グマと渡り（移動）グマの二つのタイプがあるという。地グマは喉の月の輪がはっきりした毛の黒い七五kg程度までのやや小型のクマ、一方、渡りグマは胴がやや長く、赤みがかった毛で月の輪がくずれている一三〇kgにもなる大型のクマで、雪の多い近江・若狭方面から芦生へ移動してくるものだという。月の輪のかたちなどにはあるいは地域性があるのか

*前頁の写真「芦生のクマ」（玉谷宏夫撮影）

クマの足跡

も知れないが、きれいで小型のものが芦生のもの、汚く大きなものがよそからきたものと決めかかっているようにも思える。

実際、芦生以外でも、クマの生息地ではどこでも、地グマと渡りグマがあるといわれる。秋になり、冬ごもりのため栄養をとる時期、すなわちクマ出没のニュースがでる季節には、大型のクマの方がより大きな移動をすることは確かであろう。

職員、さらには入林者からの「けもの」の目撃情報をていねいに記録した二村一男・中島皇・山中典和さんらの報告（演習林集報 一九九七）によれば、一九七八年一〇月から一九九六年一〇月までの一八年間で研究林内でのクマの目撃情報は三二回だったという。登山者などが目撃・遭遇したものの通報されていないものもあるのだろう。目撃場所はほとんどが林道や歩道である。クマが歩きやすい林道や歩道を利用していること、見通しがよく観察しやすいことによるのであろう。クマ除けの鈴を鳴らしたり、ラジオのボリュームを大きくして遭遇を避けている人がいるが、これでは小鳥のさえずりも耳に入らない。私自身は賛成しない。

クマハギ（熊剥ぎ）

ツキノワグマがスギ・ヒノキなどの針葉樹の樹幹の樹皮を剥ぎ、形成層部を

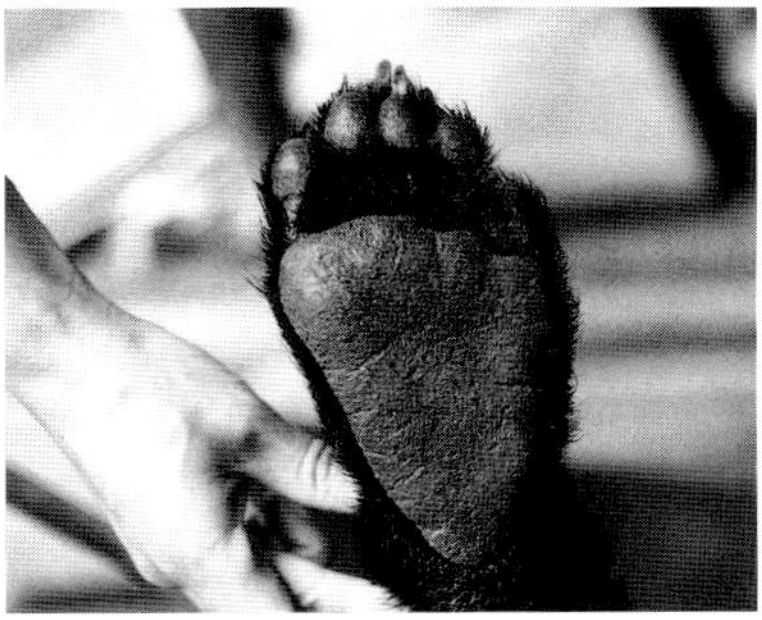

クマの後ろ足

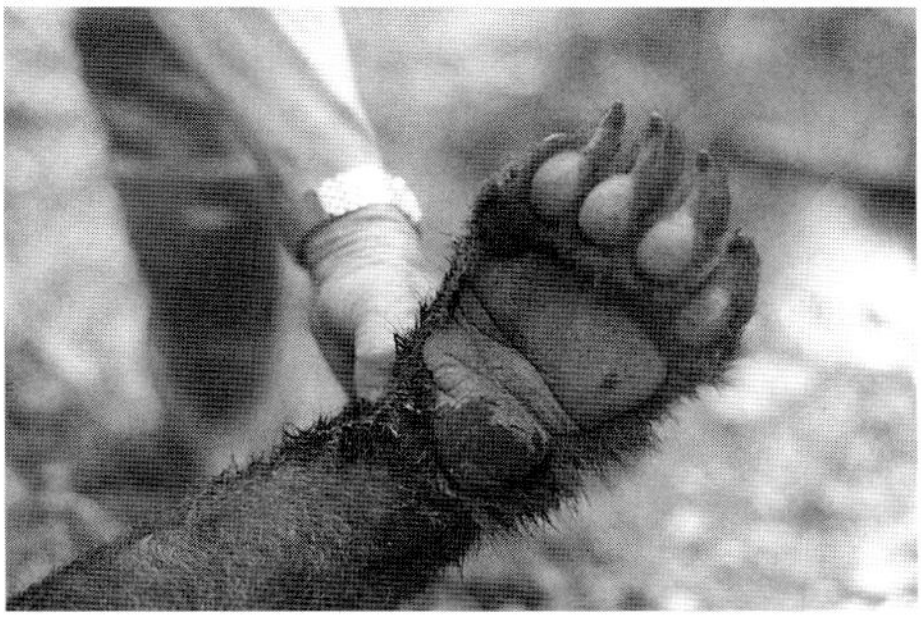

クマの前足

齧《かじ》ることを芦生では「クマハギ（熊剝ぎ）」と呼んでいる。スギを主にヒノキ、モミ、ツガ、ヒバ、ゴヨウマツ、そして植栽のカラマツ、ドイツトウヒ、モリンダトウヒ、イヌカラマツなどを齧る。サワグルミやシナノキの剝皮もみたことがあるが、きわめて例外だ。まちがいなく、クマは針葉樹を選んでいる。やに（脂）のにおいを感知するのだろうが、針葉樹を確実に識別している。

このクマハギについて、池田真次郎『狩猟鳥獣博物誌』（農林出版）や宇田川竜男『野生鳥獣の保護と防除』（農林出版）などでは「クマによる皮剝ぎは長い冬ごもり生活からでてきた早春にはまだ食べものが少ないので、食物欠乏のための一時的な現象である」とされていた。しかし、芦生でのクマハギの発生の時期を調べてみると、ピークはまちがいなく六月中旬から七月上旬である。この時期、すべての植物が繁茂していて、食べものはもっとも豊富な時期であるともいえる。実際、この時期はネマガリダケのタケノコ、イタドリ、シシウド、ウワバミソウなどいろんなものを食べている。

栄養価からみても、スギの形成層部を齧るより、草本を食べる方が手っ取り早いだろう。クマハギの発生は早春ではない、食べものの欠乏ではないと自信をもったものの、それではなぜ剝皮するのだという説明はまだできていない。剝皮の高さがクマの大きさを示す、テリトリーのマークではないかとの記述もあるが、これは関係ないように思う。東北地方の日本海側や中部山岳など天然のスギがありクマがいてもクマハギの発生しないところもある。

クマハギ（熊剝ぎ）（スギ）

クマハギ（モミ）

クマは直径一二cm以上、二〇cm程度のスギを好み、樹皮を幅五～一〇cmほどに裂き、それを強引に引っ張る。樹皮は二～四mもの高さまで剝がれる。樹皮の裏側には爪あとが残っている。そこを地際《じぎわ》から一～一・五mくらいまでを齧る。立ち上がって口が届く範囲を齧っているということだ。剝ぐのは斜面なら主として山側だけだが、平坦地では全周囲を剝いでしまうこともある。齧ったところには縦に歯の痕がすきまなくついている。地際ではこの歯形が横につく。横向きに齧る方が齧りやすいのだろうが、歯の痕はささくれ立っている。

最近、この被害は少なくなったようだが、夏になると内杉谷や下谷の造林地に集団で赤く枯かれたスギが出現し、クマハギの被害を受けたことがわかる。古いクマハギなら芦生のどこを歩いてもみつけられるはずだ。クマがいた証拠である。全周囲を剝れてはスギやヒノキも枯れてしまうが、スギも強い、一部の剝皮で枯れることはない。しかし、剝皮部に腐りが入り、利用材積が減り、価格も下がってしまう。おまけに、被害を受けた数本ずつを伐りだすわけにもいかない。森林所有者にとって、手の打ちようのない大きな損失を受けることになる。

このクマハギの被害があるため林業家からクマが嫌われ、害獣として駆除されることになる。この被害がなければ、クマハギを発生させなければ、クマとの共存できるはずだと、市販されている忌避剤の効果をテストしてみたことがあるが、クマがどこへ出没するか、どこへ被害が発生するかの予測ができず、

地際では横向きに齧る

被害が発生しなかったのは忌避剤の効果か、偶然出没しなかっただけかの判断ができなかった。

被害発生予防のため演習林内でも、また隣接の京都市左京区花背や広河原、あるいは滋賀県高島市朽木生杉でも、スギの樹幹にビニールテープが巻いてある。人の気配のすることなどである程度の効果はあるのだろう。美しくないが被害の発生を怖れてのことである。

クマの円座

クマは秋、カナクギノキ、アオハダ、カキ、ウラジロガシ、ミズキ、クリ、オニグルミ、ミズナラ、コナラなどの実が稔ると、食べるためこれらの木に登る。実を食べたあとの枝が、太い枝にかたまる。車輪状に枝をだすミズキなどでは、遠くからみると、これがワシかタカの巣のようにも見えることがある。芦生ではこれを「円座《えんざ》」といっている。クリ、ミズナラ、コナラなどでは、冬になって葉が落ちたあとも、ここにだけ枯れた葉が着いていて、円座の存在がはっきりわかる。上谷でクマの円座をみつけるのは簡単だ。

内杉谷や芦生から赤崎など本流筋ではウラジロガシのドングリが落ちるまえに木に登ってこれを食べる。ウラジロガシは枝がポキッと折れないのできれいな円座にはならないが、幹には爪あとが残り、葉が裏返しになったり、緑の葉

クマによる剝皮害防止のテープ

クマの円座（オニグルミ）

がたくさん落ちていて、クマが登ったことが確認できる。幹には登ったときの爪跡が五つくっきりと残っている。私の手を広げて比べてみてもクマの爪先へは届かない。クマの前足の方がずっと大きいのである。下りるときは、爪をたて、ブレーキをかけながら下りてくるようだ。五つの爪あとが一〇cmほども平行してついている。

この円座は地方によって、「たな（棚）」、「ゆか」、「巣」などと呼ばれている。宇田川竜男『野生鳥獣の保護と防除』（農林出版）では「春から夏にかけて樹上に枝を折って巣をつくり、ここで寝たり日光浴をする、この円座の一〇～三〇mの距離に冬ごもりの巣がある、さらに秋になってナラ、クリなどに登って同じように枝を折って一か所に集める、これを棚と呼ぶ」と、円座と棚を別のものとしている。黒田長礼『新日本動物図鑑』（北隆館）では「夏、樹上に巣をつくることがあるが、これは害虫を避けるためである」と述べている。

芦生ではこの円座は早いものでは、八月に実をつけるウワミズザクラにみつかる。すでに述べたように、次々と現れるのは秋、九～一〇月のミズキ、ミズナラ、コナラ、クリ、オニグルミなどの樹上である。食べられる実のなる樹木に限られている。この季節、上谷を歩くと、どのミズキにも円座がつくられていたのだが、最近はほとんどみない。それでも樹幹には古い爪あとがたくさんついている。

円座が寝るため、あるいは蚊・ダニなどの害虫を避けるためのものであれば、

クマの円座（コナラ）

ブナの幹についた爪あと

樹種を選ばなくてもいいはずだ。見通しのいいところにある、あるいは枝ぶりのいいモミやトチノキでもいいはずだと思う。まちがいなく、実を食べに登った跡である。まして、その近くに冬ごもり穴があるといったことはない。

発信器（テレメーター）をつけたクマ

一九六六年当時のこと、クマによる森林被害防除のため、静岡県水窪町（現・浜松市）で田中式クマ檻《おり》という組立て式の檻が開発され、クマハギ被害の多い天竜川上流ではこの檻でクマを捕獲していることを知った。その効果を調べてみようとこの檻を一基購入した。ミツバチの巣箱を入れておいたところ、このにおいに誘われ、すぐにクマが入った。しかし、巣箱は跡形もなくつぶされていた。ミツバチの入っている巣箱は高価なものだ。これではたまらない、もっと安くて効果のあるものはないだろうかと、油性のペンキや身欠きニシンなどをテストしてみた。ミツバチの巣箱が一番確実であるが、油性のペンキでも入った。このにおいには惹かれるらしい。これなら安い。

とはいえ、ススキの生い茂った上谷に設置した檻を一人で見に行くのは、入っていて欲しいという期待と入っていたらどうしょうと、ちょっと緊張するものだった。檻の戸が落ちると立てた長い棒が倒れるように工夫していたので、かなり遠くから入ったかどうかの識別はできた。いつも、何の変化もなしに棒

クマは樹皮にペンキを塗るとすぐにやってくる

が立っていた。はじめて、この棒がまちがいなく倒れているのがわかったときの心臓の鼓動は今でも覚えている。近づくと大きなクマが跳びかかってきた。もちろん、檻の中でのことだが、檻の太い鉄棒が曲げられ、口から血を出しながらも、これに噛みついてきた。それは迫力のあるものだった。

そのあと、一九六八年九月一一日、上谷で推定年齢四歳、体重約五〇kgのやや小さな雄グマが入った。芦生まで運び、一一月末まで、餌をやって飼っていた。しかし、餌の調達がたいへんだった。飼い犬のように残飯・ごはんをやっておけばいいというわけにはいかない。それも大食だった。毎日のようにスーパーや果物店をまわり、売れ残りの果物をもらってこないといけなかった。耳に穴をあけ、タグ（標識）を着けて放そうかと思ったが、しばらくの間でも人に餌をもらったことで、人に近づいてきて、もし、危害でも与えれば、放した方の責任が問われるといわれ、そのまま放すことにも抵抗があった。

この頃、日本ではじめてニホンザルに発信器（テレメーター）をつけ、その行動を調査するという試みがあった。今、クマに発信器をつけて放せば、冬ごもり穴まで追跡できるはずだと、都合のいいように考え、当時、犬山の京都大学霊長類研究所におられた河合雅雄先生に思い切って電話をした。しかし、ニホンザルへの発信器自体が試作品、ニホンザルならリックサックのように背中に背負わせればいいが、クマではそうはいかない。発信器の開発、麻酔の方法など、とてもすぐにはできない、ともかく、クマを犬山へ連れていく必要があ

檻に入ったクマ

るというので、クマを犬山へ送り出した。

放逐と追跡

半年後の一九六九年六月一一日、捕獲地点に近い扇谷近くの草地でこのクマを放した。ここが林道の終点だったことも理由だ。発信器は首輪式であったが、雨水の浸入や電池の離脱を防ぐため、何重にもビニールテープが巻かれ、重さは一・三kg、大げさには首輪というより、首に巻いた浮き輪であった。それはともかく、発信器の電池の寿命は一六〇日とされたので、うまくいけば冬ごもり場所もわかるはずであった。当時、京都大学大学院理学研究科の大学院生であった水野昭憲、花井正光・小川巌さんらが、三国峠に受信のための固定ヤギアンテナを設定、また移動しながらの受信のためのループアンテナとダイポールアンテナを装着した携帯用受信機をもってクマを追跡した。

クマは下谷と上谷の合流地点の中山付近まで下り、一時、川を渡って右岸へ行ったり左岸へ戻ったりしていた。一二日の移動距離は一、二〇〇m、一三日が七〇〇mである。ところが、放逐三日後の一四日、受信できなくなった。その後、六月一八日、はるか離れた滋賀県朽木村（現・滋賀県高島市）トキク谷から受信できた。四日間あればこのくらいは移動できたかも知れない。

電波は直進だから、クマが谷底へ入ると、受信できない。受信機をもって尾

実験グマをはなした瞬間（矢印）

根へ上がらないといけない。近づきすぎてクマを興奮させてもいけないので、実際には二班に分け、トランシーバーで交信しあって、どの方角から電波が来るか地図上に落とし、その交点にクマがいるということになる。

このクマには実は左耳に標識がつけてあった。どこかで捕獲されたとき、芦生で放したクマだとわかれば、そこまでの移動が証明できるのだが、標識をつけたクマの情報はどこからも入ってこなかった。

現在では、発信器を利用しての動物の行動調査は大はクジラから、小はネズミやカエルなどの小さなものまで、それも人工衛星を利用するなどで、地形を気にすることなく、連続してモニターできるようになっている。ともかく、これが日本でクマに発信器をつけたはじめての調査になった。

このことは河合雅雄『小さな博物誌』（小学館）の「動物学者の事件簿、麻酔された下手人」の中で、「犬山市にある霊長類研究所に運び、猿舎の一画に鉄製の檻を置いて飼育したが、なんとも評判が悪い。もし脱走したらどうする、という非難の声がじわじわと押しよせてくる。頑丈な鉄の檻だし、檻の中で大暴れすることはないからだいじょうぶ、といってもしんから納得してもらえない」と書かれている。

複雑な地形の山岳地で、大きな行動範囲をもつクマなどに発信器の利用は有効だ。その後、一九七八年八月、東京農工大学農学部の丸山直樹さんらによって栃木県日光で雄雌一頭ずつに発信器が装着、放逐された。この追跡にも参加

追跡用ループ・アンテナと受信器

したのだが、ある地点から動かない。数日間、忍耐強く見守っていたのだが全く変化がないので近づいてみようということになった。受信音は次第により大きく明瞭になった。まちがいなく、眼の前にクマがいるはずだ。見通しはいい。ところが、木の上にも、地表にもそれらしい物体がない。数人でばらばらで歩いていたのに、気がつくとかたまりになり、みんな無言だ。どこに跳びだすのか、襲ってくるのか、緊張感が走る。長い時間だったように思ったが、そんな状態はせいぜい一〇分程度だったのだろう。眼のまえに、発信器のついた首輪が転んでいたのである。首輪が抜けていたのだ。これが何日も動かない理由だった。一瞬、緊張が解け頬がゆるんだ。

クマの食べもの（糞集め）

クマが自然の中で何を食べているのか、どうやって調べたらいいのであろう。野外で食べるところを観察するのが一番いいのであろうが、実際にはクマを見ることさえ容易ではない。結局、クマを捕まえその胃の内容物を調べる、食べた痕を確認する、糞を集めその中味を調べるといったことになろう。胃の内容物はまだ未消化だし、何を食べているかはっきりわかる。しかし、捕獲は簡単ではないし、一つ調べたということは一頭が殺されたということだ。

狩猟によりクマが捕獲されるのは、狩猟期間中の冬のことだ。クマが捕れた

クマの糞

ドングリを食べた糞、よくこなれている

と聞いて、何度か胃袋をもらいに行き、調べたことがあるが、冬眠中のクマの胃袋には何も入っていなかった。不快な胃液のにおいで気持ちが悪くなっただけである。食べ痕も、たとえば植物の場合、その周辺に足跡があっても、シカやカモシカが食べたものかも知れない。自信がもてないこともあった。それでもウバユリ、ウワミズザクラ、ウワバミソウ、キイチゴなどは確実にクマが食べた痕だった。秋、ウワミズザクラ、カナクギノキ、アオハダ、カキ、ウラジロガシ、ミズナラなどの木の実を採りに登った痕をみればクマだとの自信がもてた。樹皮に爪痕がはっきりと残り、先に述べた円座ができていたからである。

七月初旬、下谷中山の歩道上で見つけた新しい糞はアリの成虫がほとんど、それにカンスゲの葉とクマの毛、小石が入っていた。アリが消化されずそのままのかたちででてきていた。地表のカンスゲの間のアリの巣を掘り返し、アリをほうばった様子が想像できる。荒らされた巣のまわりで大騒ぎするアリ、前足についたアリをなめたのであろう。このときに前肢の毛が抜けたにちがいない。小石は直径一cm近いものだったが、こんな小石は気にならないらしい。夏にはアリを食べるのは確からしい。野生のミツバチの巣を襲うのもこの時期だ。

クマの糞は大きい。重さは一つ二五〇〜九七〇gだったが、塊り三つで一、八一〇gもあったことがある。これが一回の排泄だと思った。在任中、約八〇個の糞を調べた。クマの糞はいろんなものが混じっていることは少なく、ミズキの実ならミズキばかり、ミズナラのドングリならドングリばかりだった。

糞の内容物（ミズキ〔左〕とオニグルミ〔右〕の種子）

春は主として、シシウド、ウワバミソウなどの葉、ネマガリダケのタケノコ、夏は糞が腐りやすく見つけるのがたいへんだが、アリの巣を掘り返し、野生のミツバチの巣を襲うなど少し動物性のものが多くなる。秋はもっぱらミズナラ・ウラジロガシ・コナラなどのドングリ、ミズキ、アオハダ、オニグルミなどの樹木の実を食べている。とくに、ミズナラ・コナラのドングリに頼っている。芦生でカシノナガキクイによりミズナラ・コナラが集団で枯れていることを述べたが、ドングリがなくなったら、クマは生存できないのである。カモシカやシカの死体は食べるのではと思っているが、現場はみたことはない。雑食性とされるが、草食にかなり偏ったものだといえよう。

冬ごもりと越冬穴

クマの生活で、シカ・カモシカなど他のけものと大きくちがうことが、クマが冬ごもりをすることだ。クマの生存には豊富な食べものと同時に、この冬ごもりのための場所がいる。冬を越せる穴がなければ、クマは生存できない。おまけに母グマはこの冬ごもり中に出産する。冬ごもり穴があるかないかが、クマの分布・生存を制限しているのである。

芦生にはスギ、ブナ、トチノキ、ミズナラなどの古木・大径木が多い。これら大径木は伐ってみればわかるが、ほとんど芯腐れで中心部はカステラのよう

ヒノキに営巣した野生のミツバチの蜂蜜をクマが食べたために荒らされたあと

雪の中にあったクマの足跡を辿れば、冬ごもりの穴がわかったかもしれない

に柔らかくなっているし、さらに腐りが進んで空洞になっていることも多い。芦生では大径木の腐朽部にできた穴をウロ（洞）という。そのウロに入り口ができると、クマはこれを冬ごもり穴として利用する。芦生でないとクマが生存できない、芦生にクマがいる最大の理由だ。

もちろん、樹洞以外の場所も時に利用する。倒木の根や幹の下、斜面などで雪圧で曲がって地表に長く伸びる樹木の下などの穴（ホケ穴）、岩石地の割れ目（岩穴）、土の崩れたところにできた土穴などにも稀には入るようだ。

ツキノワグマの生存には冬ごもり穴が必須であるとわかって、芦生演習林に赴任してすぐ林内のあちこちを歩いてどのくらい樹洞があるのか調べてみた。大木にはかなりの割合で穴があいており、冬ごもり穴は十分にあると思った。ところが、冬、猟師にくっついて歩き、クマを捕った穴やかつてクマが入っていた痕跡のある穴をみせてもらうと、逆に冬ごもりに適する穴はきわめて少ないと知った。実際、クマを捕ったすぐあとで、自分で入ってみた穴は入り口が小さく雨や雪の入らず中の広い穴、それも近寄りがたい崖の近くにあるものだった。クマは頭が入ればからだは入れるというように、入口は驚くほど小さな穴を選んでいる。『自然』（中央公論社・七一年七月号）のナチュラリスト登場（一九）で写真家岩合徳光さん撮影のグラビア写真で、私がクマの冬ごもり穴に入っているところがでている。これもいい穴だった（一六九頁参照）。

上谷にある大きなトチノキの根元の穴が、クマの冬ごもり穴だといわれてい

クマの越冬穴に入ってみた

るが、これは入口が大きく、上にも穴があいている。この穴は外をみるためだといわれ、多くの人が交替で入って通り抜けしているが、こんな穴はクマは決して利用しない。入ってみればわかるが、中は湿ってびちょびちょ、上からは雨や雪が入ってくる。

芦生では根雪までに冬ごもり穴に入り、春の彼岸に子グマを連れてでるといわれる。一二月の末には、上谷はもう深い雪が積もっていたが、そこにクマの足跡が続いていた。これを追跡すれば冬ごもりしているところを発見できると思ったが、時間がなかった。あわてて冬ごもり穴を捜していたのだろう。

この冬ごもり期間中の眠りは浅く、イヌをけしかけると飛び出てくる。いつ反撃があるかも知れないのである。おまけに母熊はこの期間に出産する、生まれたばかりの子グマに授乳しているのである。母グマが深い眠りに入っているはずがない。現在では芦生も京都府の鳥獣保護区に指定され、クマも保護獣、絶滅危惧種として、狩猟は禁止されている。

クマの写真を撮る

芦生演習林に勤務している間に三回クマに出会った。一回は本当に眼の前だった。数人と一緒で休憩したあと、私一人が遅れた。みんなが帰った方とは反対の方からがさがさと音がする。何処へ行くことにしたのだろうと、立ち上がっ

冬ごもり穴

冬ごもり中に２頭の子熊が生まれる

たとき、眼の前にクマが近づいてきた。カメラは背中のリックの中だったし、近くに猟銃をもった仲間もいた。「クマだっ」と叫んでしまった。カメラを首にかけていても、「ちょっと待って」とはいえなかったのだろう。あとの二回は遠くのヤブの中を動く黒いものをみただけだ。

一九七五年、当時、農学部の学生であった小見山章（現・岐阜大学応用生物科学部教授）・谷沢秀行さんが課題（卒業）研究に芦生のクマをテーマにするといってきた。実際には短期間にデータとしてとれるのは、被害木の分布や被害の実態調査しかなかったが、芦生にクマがいる証拠写真がない、論文のグラビアに大きな写真を入れようとけしかけた。二人が器用にクマ撮影装置をつくってくれた。木箱の中にモータードライブカメラとストロボ、そこから伸びた五ｍほどのコードの先に踏み板がある。ピンセットをはさんだ板を踏んでくれれば、連続でシャッターが落ちるという仕掛けであった。単一電池四個では一週間で放電してしまう。踏み板の上におく果物の交換もあったが、一週間に一度は成果を知りたくて上谷へ通った。

カメラを置く場所には自信があった。よくクマの足跡や糞が見つかり、人もまず入らないところだ。踏み板の上に軽く落ち葉をかけて隠し、この上にナシやリンゴをおいた。踏み板を軽く押してみる。確実にフラッシュが光り、シャッターが落ちる。テストである。　はじめて撮ったのはカラス、これに続いてカケス、ノイヌ（野犬）であった。といっても、何の変化もない週が何度か続い

クマの好きなミズキ〔ミズキ科〕の果実

た。秋も深まり、一層変化がなくなった頃、フィルム一本三六枚すべてが巻き取られていた。クマが写ったのだ!と、興奮して特急サービスで現像にだした。

ところが何と、三六枚全部、猟犬とカメラのレンズが下向きなので顔が映っていないハンターの下半身だった。猟犬がナシやリンゴを察知して近づき、踏み板を踏んだのだ。同時にフラッシュも光ったはずだから、ハンターも驚き、この仕掛けに気づいたはずだ。カメラを持っていかれたり、倒されなくてよかった。これで勢いづいてまた通ったのだが、変化はなかった。残っていたフィルムでブナ林の紅葉をとり、現像にだしたら、それにクマの後ろ姿がたった一枚だが写っていた。クマ生息の貴重な証拠写真だ。この一枚を課題研究論文のグラビアに添付したはずだ。その後、赤外線光電管を感知装置として使い、けものや野鳥が横切るだけで自動的にシャッターが落ちる装置がつくられ、生態解明にも役立ついい写真が撮られ、いくつもの写真集がでている。

芦生のクマ撮影に挑戦されたのが小泉博保さんだ。『森の仲間たち　京都の野生動物たち』に一九八六年一〇月、正面を向いて堂々とやってくるクマのいい写真が掲載されている。カメラの横に五kgもある石を三つも置いていったという。「センサーを引っ張りだせず壊せなかった腹いせか」と述べておられるが、こんなことをするようだ。私のあと芦生のクマを研究された玉谷宏夫さんも自動撮影に成功している。芦生研究林の概要にも写真が載っている。芦生のクマの写真は何枚か撮られているようだ。

芦生のクマ〈写真　小泉博保〉

やっと撮れたクマの写真（上谷）

Ⅳ 芦生の動物

哺乳類（けもの）

芦生ではヒミズ、ジネズミ、カワネズミ、ミズラモグラ、アズマモグラ（コモグラ）、コウベモグラ、ホンシュウトガリネズミ、クロホオヒゲコウモリ、キクガシラコウモリ、コテングコウモリ、ニホンザル、ニホンノウサギ、ニホンリス、モモンガ（ホンドモモンガ）、ムササビ、ヤマネ、カヤネズミ、アカネズミ、ヒメネズミ、スミスネズミ、クマネズミ、ニホンツキノワグマ、ホンドタヌキ、ホンドキツネ、ニホンテン、ニホンイタチ、ニホンアナグマ、ニホンイノシシ、ニホンジカ、ニホンカモシカなどが確認されている。

このうち、ミズラモグラ、キクガシラコウモリ、クロホオヒゲコウモリ、コテングコウモリ、ツキノワグマ（ニホンツキノワグマ）が『京都府レッドデータブック』の絶滅寸前種、ホンドモモンガ、ヤマネが絶滅危惧種、アズマモグラ、ムササビ、スミスネズミ、カヤネズミ、カモシカが準絶滅危惧種にランクされている。

信じられなかったことだが、芦生ですでにハクビシンとアライグマが目撃捕獲されているそうである。ツキノワグマの棲む原生林といっているのに困ったものだ。今後の動向に注意する必要がある。

ツキノワグマの話は先述したので、本章ではその他のけものについて述べる。

＊前頁の写真「雨の日、葉に止まったウスバシロチョウ」

研究林事務所の屋根裏に住みついていたムササビ

キツネ（ホンドキツネ）とタヌキ（ホンドタヌキ）〔食肉目イヌ科〕

夏の間、長治谷のキャンプ指定地にキツネが居ついている。人の動いている間はじっとしている。多くのキャンパーが気づいていないようだったので、教えたら、はじめて野生のキツネをみたと大喜びしていた。キャンパーが捨てる残飯に寄ってくるのだが、姿を見せてくれるのも考えものだ。冬～春、キャンプしない時期にはでてこない。

キツネの糞は歩道沿いに、それも丸木や石の上などよく眼につくところに見つかる。テリトリー宣言のためである。この糞にはよく輪ゴムが入っている。輪ゴムを噛む食感がいいのだろうか。

一九七〇年当時、長治谷小屋はすでにかなり傷んでいたが、調査のためここに長期にわたり泊まりこみ自炊を好む学生たちがいた。あるとき、上谷でキツネの糞を見つけ、何を食べているのかと崩してみたら、細長い昆布の佃煮だった。泊まっている学生たちに昆布の佃煮を食べただろうと聞いたら、長い間おいて味が変わったので捨てたといっていた。ゴミ捨て場でキツネがこれを食べたらしい。

春、タヌキがよく芦生や井栗の田んぼに入っている。代かきした田んぼの中に足跡がついているのでわかる。親ガエルを食べるのではない。産卵のため田

キツネの糞にはよく輪ゴムが入っている

タヌキ〔イヌ科〕

んぼに来たモリアオガエルのメスの卵の入っているお腹だけを食べるのである。お腹だけを食べられたカエルの死体が水の上に浮かんでいるということになる。

早春、タヌキがよく死んでいる。フキ（フキノトウ）を食べ過ぎたというのだ。本当だろうかと、こんなタヌキの胃内容物を調べたことがある。カエルの卵だった。大量だったのでヒキガエルのものだったのだろう。トコロテンでも食べているつもりだったのだろうか。フキノトウはでてこなかった。芦生にはトノサマガエルはいない。

キツネ（ホンドキツネ）とテン（ホンドテン）の食性を大阪教育大学教授の近藤高貴さんが糞分析から調べている。テンは芦生でドステンと呼ばれる褐色のものにまじってきれいなキテンもいる。丸木橋の上にかならずといっていいほど、テンの糞がのっている。テリトリーを示すものだ。ちょっとみても食べたものは木の実だとわかる。いろんな種が入っている。一九七四年五月から一一月まで長治谷周辺で採集したキツネの糞一二九個、テンの糞七二個を調べ、キツネではマタタビ、ミズキ、ヤマブドウ（芦生にはヤマブドウより、サンカクズルの方が多いので多分サンカクズルの方だろう）、アケビなどの果実類、中でもマタタビがよく食べられていた。次いでウサギ・スミスネズミ・アカネズミなど小哺乳類、残飯、昆虫類の順であったという。昆虫類ではオサムシ・ゴミムシ・クワガタムシ・キリギリスがでてきている。

テンでも同様に果実類がもっとも多く利用され、ついで小哺乳類、昆虫類で

水溜りにあったヒキガエルの長い卵塊

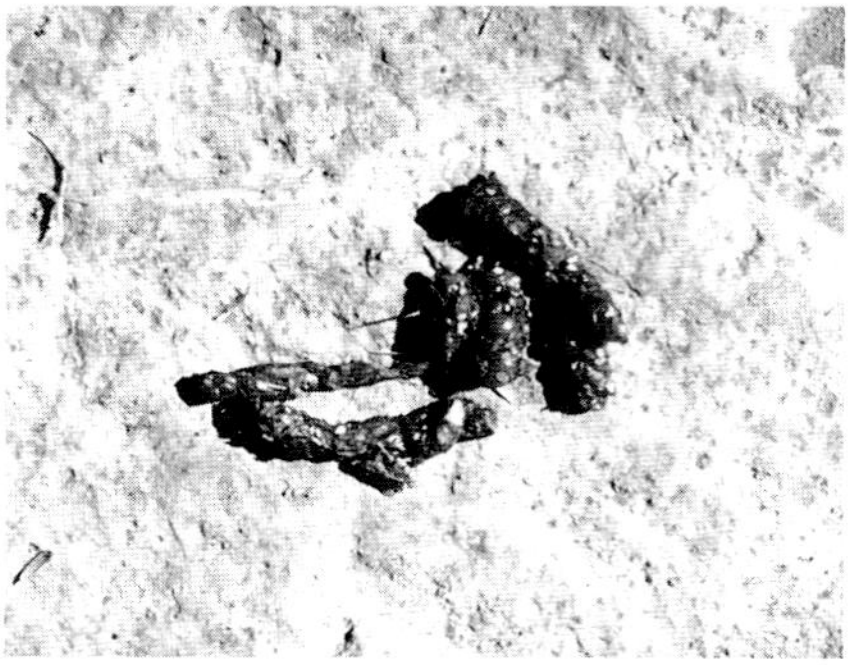
テンの糞（木の実を食べていることがわかる）

あったが、残飯類はまったく検出されなかったという。キツネはネズミよりノウサギを食べていたが、テンはスミスネズミの方を好んでいたという。もちろん、季節的にも変化し、キツネでは五月ノウサギ、六月残飯、七～八月は昆虫類、九～一一月は果実類が主として食べられていた。残飯はこの期間いつもあったのだが、六月にだけ利用していたという。これは五～七月がキツネの育児期にあたるので、より多くの食べものを育児のため必要とし、残飯類を選んだのであろうとしている。

テンの方は春はネズミ類、夏はノウサギ、秋は果実類を最もよく利用していたというが、キツネがノウサギを春に利用しているのに、テンでは夏に利用しているというちがいがあるようだ。いずれにしろ、捕食性といわれるキツネやテンでも、果実類が、とくに実りの秋にはこれらに頼っていることがわかる。

カモシカ〔偶蹄目ウシ科〕

カモシカ（ニホンカモシカ）（*Capricornis crispus*）は一九五五年に地域を定めず特別天然記念物として指定され、近畿では鈴鹿山系、大台・大峰山系にしか分布しないとされていた。私が赴任してすぐの一九六六年当時、研究林内にカモシカがいるらしいといううわさを聞いた。カモシカを捕った猟師、敷皮としてカモシカの毛皮をもっている人がいることがわかったし、足跡や糞からカモ

雪の上に並んだリスの足跡

ノウサギの足跡

シカのものだと確信したもののしばらくはその証拠が示せなかった。

一九七一年一月、演習林内の刑部谷でついにカモシカの死体をみつけた。京都府文化財保護課に連絡、文化庁に届けをだして頭部を剝製として残した。芦生に分布するという証拠を残せたわけだ。この年の六月、今度は内杉谷のスギ造林地にカモシカがいるという報告が入った。一頭は黒っぽく、もう一頭はピンクがかった白にみえた。雄・雌だったのか、親子だったのだろうか。このことは一九七一年六月二九日付け「京都新聞」夕刊に「とらえた幻のカモシカ京都府下初」として報道され、私自身も「京都府のカモシカ」として『動物と自然』一（一〇）（一九七一）にも報告した。

その後、カモシカは確実に増え、一九七八年一〇月から一九九五年二月までに四〇回も目撃されている。その分布域も拡大しているようで、京都府側では広河原、大悲山、花背、八丁平など、さらには舞鶴・綾部方面にもその範囲が広がっていることが報告されている。

先にツキノワグマで紹介した小泉博保『森の仲間たち　京都の野生動物たち』の中にも、一九八六年一〇月に自動撮影装置で撮られたカモシカの写真がある。

見つかったカモシカの死体

芦生のカモシカ〔ウシ科〕

ミズラモグラ〔食虫目モグラ科〕

京都大学大学院人間・環境学研究科教授（現・京都大学名誉教授）の相良直彦さんは、上谷でミズラモグラ（*Euroscaptor mizura*）、アズマモグラ、コウベモグラの三種を狭い地域で捕獲されている。ミズラモグラは頭胴長九cm、体重二五g前後、尾は二cm、黒～黒灰色でモグラにくらべ尾が長い。近畿では奈良・二上山、大峰山弥山、大台ケ原、和歌山・橋本、滋賀県鈴鹿山系の御池岳・雨乞山、そして京都・芦生、京都市・大文字山、長岡京市奥海印寺などから知られているに過ぎない珍しいもので、分布はブナ・ミズナラなどの天然林に限られている。京都府内ではこれまで五個体が確認されているが、そのうち芦生が三個体だという。京都府絶滅寸前種、日本哺乳類学会では希少種に指定している。同時に採集されたアズマモグラも京都府下では京都市北部と芦生だけで、京都府準絶滅危惧種である。

このモグラ類の巣からはナガエノスギタケが発生することが確認されている。ナガエノスギタケをみつけ、それを掘ってみればモグラ類の巣に行き当たるそうだ。

ミズラモグラ〔モグラ科〕〈写真　相良直彦〉

ヤマネ〔齧歯目《げっし》ヤマネ科〕

ヤマネ（*Glirulus japonicus*）は丸い大きな眼をもち、そのまわりを黒いアイシャドーが囲み、背中に黒い筋がある。尾は扁平でふさふさした毛があり、扁平にみえる。大きさではネズミだが、どちらかといえば、リスに似ている。一科一属一種の日本特産の貴重な動物で、現在、天然記念物に指定されている。

一九六九年四月のこと、演習林事務所の戸棚からこのヤマネがでてきた。前年の秋からここで冬ごもりをしていたのであろう。あまりのかわいさに五月中旬まで、リンゴやピーナッツを与えて飼育していたが、芦生にも確実に分布する証拠だと国立科学博物館へ送った。無事生きたまま着いたそうだ。

これが『哺乳動物学雑誌』（第四巻、一九六九）に短報「ヤマネの新産地」として掲載されている。貴重な記録なのだが、実はこれは私が投稿したものではない。哺乳動物学会に入会したのはツキノワグマの研究を始めてから後のことで、この当時、まだ会員ではなかった。この短報の存在を知ったのも、ずっとあとになってのことだ。著者名が渡辺弘文になっていることでも本人が書いたものではないとわかる。貴重な記録、関係者が好意で書いてくれたものであろう。これには感謝するが、学術雑誌にもゴーストライターがいるのかとちょっと驚いたことがある。

その後一九七一年一月にも二頭が事務所で捕獲されている。これは標本にし

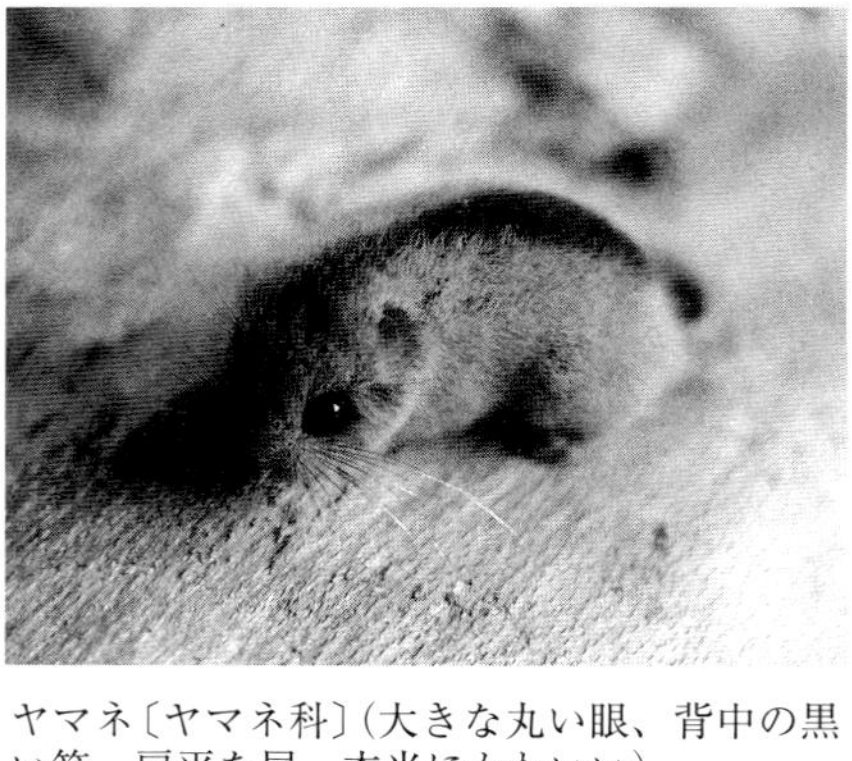

ヤマネ〔ヤマネ科〕（大きな丸い眼、背中の黒い筋、扁平な尾、本当にかわいい）

て研究林の資料館「斧蛇館《おのじゃ》」に保管されている。このほか一九九三年一一月には芦生地区でネコが二個体を運んできたとか、林内でも数例の捕獲がある。ヤマネは冬眠のため野鳥の巣箱を利用するといわれるが、事務所周辺に設置した巣箱に入っているところは確認されていないようだ。夜行性の小さなけもの、直接眼に触れることはまずないが、林内に広く分布しているようだ。ブナ・ミズナラに着く着生植物の一つで芦生でヤショウウメ、ヤショウと呼んでいるユキノシタ科のスグリの仲間のヤシャビシャクの実を好むそうだ。京都府下では芦生のほか、比叡山、大見などにだけ分布する。環境省：準絶滅危惧種（NT）、京都府の絶滅危惧種である。

クロホオヒゲコウモリ〔翼手目ヒナコウモリ科〕

一九七二年八月のこと、コウモリ研究者、遠藤公男さんが岩手からわざわざ調査に芦生に来られた。カスミ網を仕掛けると一夜に二〇頭くらいのコウモリが捕獲できるのは普通なのに、数日間の滞在でわずか三頭しか捕れなかったそうだ。それがクロホオヒゲコウモリ（*Myotis pruinosus*）、キクガシラコウモリ（*Rhinolophus ferrumequinum*）とコテングコウモリ（*Murina ussuriensis*）であった。クロホオヒゲコウモリは渓流の上を低く飛んでいたという。

このクロホオヒゲコウモリは一九六九年、岩手県和賀町（現・金ケ崎町）夏油《げとう》

ヒミズ〔モグラ科〕

ヤシャビシャク〔ユキノシタ科〕
（この実をヤマネが好んで食べるという）

温泉で遠藤公男さんによって発見されたものをタイプ（模式）標本として新種として記載され、その当時、奥羽山脈沿いで数頭が採集されていたものの、他からはまったく知られていなかったもので、遠藤さんも大収穫だと喜んでおられた。翼開帳一八cm、体重三g程度の黒地に白い毛が光る日本で最も小型のコウモリの一つである。現在ではこの京都・芦生や奈良県、四国の徳島・愛媛県、そして九州宮崎など二〇か所から発見されている。隠れ家・ねぐらは樹洞だという。

　奈良教育大学教授の前田喜四雄さんによると、芦生ではいつも確実に捕獲できるという。北方系のコウモリでブナ林に限って生息するのかと思っていたが、本種はもともと照葉樹林のコウモリであるが、照葉樹林の減少とともに温帯林下部、それも競争相手のヒメホオヒゲコウモリのいないところに進出したのだろうと推測されている。いずれにしろ、樹胴が存在する天然林がなくなれば、ツキノワグマと同様、このコウモリも生存できない。クロホオヒゲコウモリは環境省の絶滅危惧IB類、京都府の絶滅寸前種、IUCN（二〇〇〇）のEN（B1+2c）、哺乳類学会の危急種の指定である。

　キクガシラコウモリは鼻が菊の花に似ているので、この名がある。前腕長六cmほど、京都府下では芦生と瑞穂町質志鍾乳洞（現・京丹波町）・京北町（現・京都市右京区）下中の新大谷マンガン廃坑だけ、コテングコウモリは吻がやや突き出しているのでこの名があるが、京都府下では芦生で一頭が確認されているだけで、京都府レッドデータブックでは絶滅寸前種に指定されている。

クロホオヒゲコウモリ〈写真　前田喜四雄〉

シカの胃からトチの実

在勤中の一九六六年一二月のこと、体重約七五kg、年齢も六歳以上の大きなシカが捕獲された。真冬にどんなものを食べているのか、興味をもって胃を貰い受け、調べてみたことがある。胃の中には生重で六・二kgもの大量の未消化物が入っていた。ほとんどはハイイヌガヤ、ヒメアオキ、ウラジロガシの葉や小枝で、これにイワウチワ（トクワカソウ）、イヌツゲ、シノブカグマ、カンスゲなど常緑植物の葉が入っているのが確認できた。びっくりしたのが、大きなトチの実が、それも完全なかたちで二つもでてきたことだ。これも反芻して消化するのだろうか。トチの実は栃餅の原料として、みんなが採りに行くものだが、シカに食べられているものがある。

一九七〇年一月末にも、連続して三頭のシカが捕獲されたので、その胃内容物も調べてみた。同様に、ヒメアオキ、ハイイヌガヤ、ヒサカキ、ウラジロガシ、チャボガヤ、ネマガリダケ（チシマザサ）、イヌツゲ、ホンシャクナゲ、イワウチワ（トクワカソウ）、クロソヨゴ、スゲ類であった。いずれも常緑の植物で崖など雪のつかないところにあるもの、あるいは谷の近くに生えているものだった。

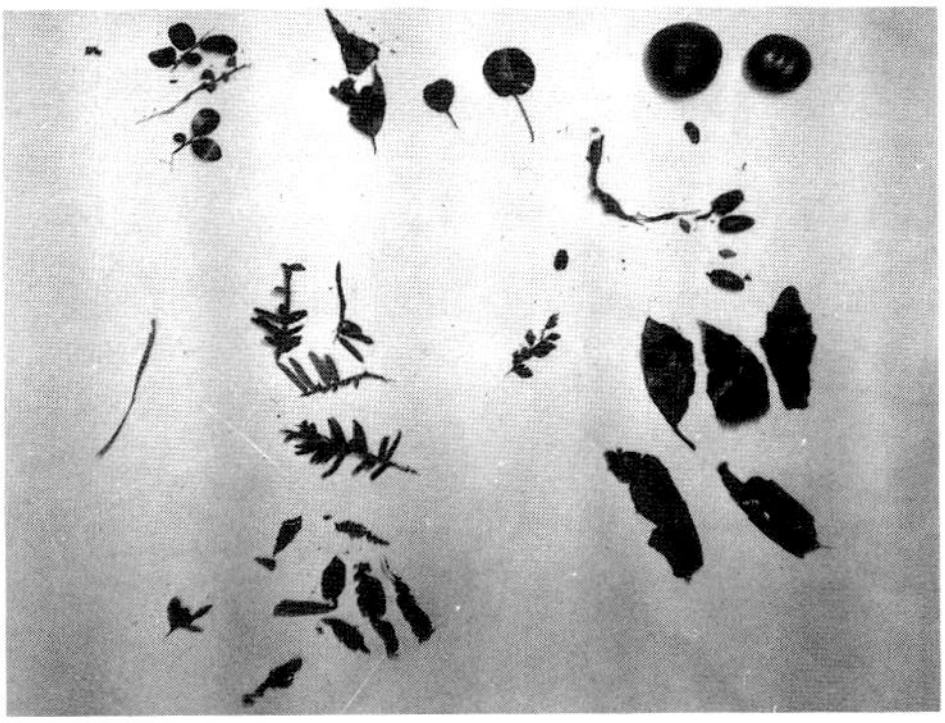

シカの胃の内容物（ハイイヌガヤ、イワウチワ、ヒメアオキの葉とともに、トチの実が２つでてきた）

鳥類

芦生に一一五種

芦生の鳥類を最初に報告したのは白井邦彦・松本貞輔「丹波高原地方の鳥類相」（『鳥獣集報』一六、一九五七）であろう。一九四二～四三年の調査で芦生演習林でサンコウチョウ、エゾビタキ、サメビタキ、キビタキ、エゾムシクイ、メボソ、センダイムシクイ、ヤブサメ、マミジロ、コルリを記録し、オオミズナギドリが捕獲され、標本が保存されていることがすでに記録されている。

芦生の鳥類について、渡辺弘之・二村一男「芦生演習林の鳥類相」『京大演習林報告』（四二、一九七二）では、八二種を記録しているが、中村浩志・須川恒「京都府の鳥類」（『京都府の野生動物』）では一〇一種（一九七四）とし、亀岡市池尻の一〇六種に次いで多いところとされている。その後、二村一男さんによって二六種が追加され（『京大演習林集報』一九、一九八九）、さらにその後、二村さんによって四種が、またバンディング調査でベニヒワ、オオマシコ、ヤマヒバリが確認されているようで、芦生でこれまでに記録された鳥類は一一五種にも達する。京都府下で記録された鳥類は不確実なものを含め三〇五種とされている。

芦生では森林性のものが主であるが、京都府下では狭い地域としては最も種

営巣するアカゲラ〈キツツキ科〉〈写真　二村一男〉

類数の多いところであろう。京都府下の鳥類保護地区として、舞鶴市冠島、宇治市巨椋干拓地、京都市深泥池、宮津・舞鶴湾一帯とともに芦生が選ばれている。『京都の野鳥』の中に、京都府の主な探鳥コースとして芦生演習林探鳥コースが紹介されている。

バードウォッチングが趣味の方は多いので、ここにはこれまで記録された芦生の鳥類のリストを掲載しておく。

アビ目

アビ科　オオハム、シロエリオオハム

ミズナギドリ目

ミズナギドリ科　オオミズナギドリ

コウノトリ目

サギ科　ミゾゴイ、ゴイサギ、アオサギ

カモ目

カモ科　オシドリ

タカ目

タカ科　ハチクマ、トビ、オオタカ、ツミ、ハイタカ、ノスリ、サシバ、クマタカ、イヌワシ

ハヤブサ科　ハヤブサ、チゴハヤブサ、チョウゲンボウ

落下したオオミズナギドリ〔ミズナギドリ科〕

キジ目
キジ科　ヤマドリ、キジ
ツル目
クイナ科　ヒクイナ
チドリ目
チドリ科　イカルチドリ
シギ科　アオシギ
カモメ科　カモメ
ハト目
ハト科　キジバト、アオバト
カッコウ目
カッコウ科　ジュウイチ、カッコウ、ツツドリ、ホトトギス
フクロウ目
フクロウ科　コノハズク、オオコノハズク、アオバズク、フクロウ
ヨタカ目
ヨタカ科　ヨタカ
アマツバメ目
アマツバメ科　ハリオアマツバメ、アマツバメ
ブッポウソウ目

林道わきにつくられたヤマセミ〔カワセミ科〕の巣穴

カワセミ科　ヤマセミ、アカショウビン、カワセミ
ブッポウソウ科　ブッポウソウ
ヤツガシラ科　ヤツガシラ

キツツキ目

キツツキ科　アオゲラ、アカゲラ、オオアカゲラ、コゲラ

スズメ目

ヤイロチョウ科　ヤイロチョウ
ツバメ科　ツバメ、イワツバメ
セキレイ科　キセキレイ、セグロセキレイ、ビンスイ
サンショウクイ科　サンショウクイ
ヒヨドリ科　ヒヨドリ
モズ科　モズ
レンジャク科　キレンジャク、ヒレンジャク
カワガラス科　カワガラス
ミソサザイ科　ミソサザイ
イワヒバリ科　ヤマヒバリ、カヤクグリ
ツグミ科　コマドリ、コルリ、ルリビタキ、ジョウビタキ、ノビタキ、トラツグミ、マミジロ、クロツグミ、アカハラ、シロハラ、マミチャジナイ、ツグミ

ヌルデの実を食べるヒヨドリ〔ヒヨドリ科〕

ヤツガシラ〔ヤツガシラ科〕(府下では数例の観察しかない)〈写真　深瀬伸介〉

ウグイス科　ヤブサメ、ウグイス、メボソムシクイ、エゾムシクイ、センダイムシクイ、キクイタダキ
ヒタキ科　キビタキ、オオルリ、サメビタキ、エゾビタキ、コサメビタキ
カササギヒタキ科　サンコウチョウ
エナガ科　エナガ
シジュウカラ科　コガラ、ヒガラ、ヤマガラ、シジュウカラ
ゴジュウカラ科　ゴジュウカラ
メジロ科　メジロ
キバシリ科　キバシリ
ホオジロ科　ホオジロ、カシラダカ、ミヤマホオジロ、ノジコ、アオジ、クロジ、
アトリ科　アトリ、マヒワ、カワラヒワ、ベニヒワ、ハギマシコ、オオマシコ、ベニマシコ、ウソ、イカル、シメ
ハタオリドリ科　スズメ
カラス科　カケス、ホシガラス、ハシボソガラス、ハシブトガラス
＊配列は日本鳥類目録編集委員会（編）：日本鳥類目録（改訂第六版）（二〇〇〇）によった。

ゴジュウカラ〔ゴジュウカラ科〕（樹幹を垂直に上り下りする）

とくに、シロエリオオハム、イヌワシ、オオコノハズク、ヤツガシラ、ヤイロチョウ、ハギマシコ、ゴジュウカラ、ブッポウソウ、ヤマセミ、イカルチドリなどの飛来・生息は注目されている。ヤイロチョウは一九七六年六月に観察され、これは京都府下での最初の記録であったが、その後、丹後半島太鼓山や舞鶴市大浦半島でも確認されているようだ。府下で数例しかないヤツガシラが二度も観察されているという。『京都の野鳥』に芦生で撮られたヤツガシラの写真がでている。猛禽類ではイヌワシ、ノスリ、クマタカ、オオタカ、ハイタカ、ハチクマ、ツミ、トビ、サシバ、ハヤブサ、チゴハヤブサ、チョウゲンボウが確認されている。

ブッポウソウ（仏法僧）は芦生研究林斧蛇館にも標本が残されているので、渡来営巣しているものと思われる。最近では一九八九年五月に二羽が確認されている。一方、声の仏法僧、コノハズクの方はその声をよく聞くことができる。舞鶴湾の冠島はオオミズナギドリの繁殖地として知られているが、秋の渡りの時期になるとこのオオミズナギドリが芦生にも何度か落ちている。由良川を遡るものがいるらしい。斧蛇館にも標本があるが、一九六七年一一月一四日に落下したものは京都府林務課に連絡し、引き取りに来てもらった。

秋のタカの渡りを調べるため京都野鳥の会では府内各地で定点観測を行っている。三国峠もその観測ポイントだが、ここの出現数は少ないらしく、タカ類の渡りのコースからは外れているようである。一方、冬鳥の渡りの通過ポイン

ブッポウソウ（姿の仏法僧）〔ブッポウソウ科〕
〈写真　二村一男〉

トは地蔵峠とされ、大型のツグミ、シロハラ、マミチャジナイが一〇〜三〇羽、小型のアトリ、マヒワ、カシラダカなら数百羽から数千羽もの群れが通過するとされる。一九八四年一〇月一四日、日本野鳥の会京都支部の観察によると、午前六時から八時までの二時間でツグミなどの冬鳥が一、二八六羽渡って行くのを観察し、これを追うハヤブサをみたという。『京都の野鳥』によると、ツグミ、マヒワなどは京都府下では最初に芦生に飛来しているとされ、地蔵峠・三国峠が能登半島〜福井嶺南〜京都芦生を結ぶ冬鳥の渡りのコースになっているようだ。

『京都府レッドデータブック』では芦生に分布・生息が確認されているミゾゴイ、イヌワシ、コノハズク、ブッポウソウが絶滅寸前種、オシドリ、ハチクマ、オオタカ、ツミ、サシバ、クマタカ、ハヤブサ、ヒクイナ、アオバト、ジュウイチ、オオコノハズク、ヨタカ、ヤマセミ、アカショウビン、オオアカゲラ、サンショウクイ、コルリ、コサメビタキ、キバシリ、クロジが絶滅危惧種、ハイタカ、ノスリ、チゴハヤブサ、チョウゲンボウ、ヤマドリ、イカルチドリ、カッコウ、ツツドリ、アオバズク、フクロウ、アカゲラ、トラツグミ、マミジロ、クロツグミ、ゴジュウカラ、ハギマシコ、ホシガラス、オオハムが準絶滅危惧種とされている。

多様な植物の存在での食べものの保証、大木の樹洞の存在など、繁殖地としても、また渡りの中継地点としても芦生は重要な役割を果たしているのである。

イヌワシ〔タカ科〕（稀に飛来する）

鳥ごよみ

春、まだ谷筋には雪が残っているものの、タムシバ・ユキグニミツバツツジ・マンサク・キブシ・イワウチワ（トクワカソウ）・イワナシなどが咲き始めると、ウグイス、ヤマガラ、シジュウカラ、ヒガラ、コガラ、ミソサザイなどの留鳥、そして早くもやってきた夏鳥のセンダイムシクイ、オオルリ、コマドリ、サンコウチョウなどが一斉にさえずりを始める。

ブナが萌黄色の新葉を展開するとキビタキ、ツツドリ、カッコウ、ホトトギス、ジュウイチ、アカショウビンが鳴く。よく晴れた日のカッコウの声は気持ちのいいものだ。ツツドリ、ホトトギス、ジュウイチは日中はもちろん、日が暮れても鳴く。夜にはヨタカ、トラツグミ、コノハズクの声を聞くことができる。コノハズクとは小さなミミズクの仲間だ。高野山の霊鳥「仏法僧」といわれるものだ。バップン、バップン、あるいはキョッキョッキョとも聞こえるが、「仏法僧」だというなら、そのようにも聞ける

長治谷の怪談、すなわち、夜、巡礼が鈴を鳴らしながら通るとかチンカンドリが鳴くというのは、トラツグミのことだろう。ヒーという低い気味の悪い声で鳴き、それがすぐにちがった方向から聞こえてくる。ランプの小屋の夜の静けさと暗さの中では巡礼の鈴にも聞こえる。昔、夜な夜な御所に現れ、時の帝を悩ませ，源三位頼政によって退治された頭は猿、胴は狸、尾は蛇、手足は虎

コノハズク（芦生山の家の剥製）

誰が運ぶのだろう。切り株の上にたくさんのクリのいがが のっているが、まわりにはクリはない。これも鳥のしわざだろう

だったという怪物ヌエ（鵺）の正体だ。

繁殖の終わった夏近くなると、鳥のさえずりは少し静かになるが、アオバトやゴジュウカラの鳴き声は続く。渓流沿いにはカワガラス、運がよければカワセミ・ヤマセミがみられる。

秋、三国峠では数は多くないもののハチクマ、サシバ、ハイタカなどのタカ類の渡りを、またイワツバメ、アマツバメ、ハリオアマツバメの移動が観察できる。カケスが数羽ずつ群れになって同じ方向へ飛んでいく「里渡り」もよくみられる。

初雪が近くなると、アトリ、マヒワの大群が通過し、ツグミ、ジョウビタキ、ルリビタキ、カシラダカ、ミヤマホオジロが身近なところに姿をみせる。ブナ・ミズナラの梢にたくさんついているヤドリギの実にはキレンジャク・ヒレンジャクが集団でやってくる。この時期の早朝、由良川の淵にはオシドリがよくみられる。二村一男「芦生演習林の鳥類相の季節変化」（『京大演演習林集報』一九、一九八九）に種類ごとの飛来・観察期間が示されている。探鳥・野鳥観察にはこれが参考になろう。

由良川最上流の魚

由良川源流にはウグイ（イダ）、カワムツ（アカモト、モツ）、アカザ（ニュ

ブナノキに着くヤドリギの実に集まったヒレンジャク〔レンジャク科〕〈写真　二村一男〉

雪の上で警戒するホオジロ

ロキン、ニョロギ）、ハゲギギ（ギギ）、タカハヤ（ダボラ、ダブラ）、タケドジョウ、アジメドジョウ、ムギツク（イワコツキ・クチボソ）、オイカワ（ハエ）、アユ、カワヨシノボリ（ゴリ）、カジカ（カバ・ドンコ）などの魚がいる。かつてはヤツメウナギ（スナヤツメ）もいたという。

　魚の分布は由良川本流の七瀬あたりで大きく変わる。砂のたまった瀬や淵が少なくなり、岩場の続く大谷と岩谷の間をアユやウグイも越えられないのである。茅葺の里で有名になった中村・北村など下流の流れの緩やかな淵にはオヤニラミ（美山ではミコシンダイ、ミコダイと呼ぶ）がいる。鰓《えら》の後ろに目に似た大きな丸い斑紋がある。岩谷付近で大きなニジマスをみたことがある。芦生山の家にも一時ニジマスの釣堀りがあったが、飼っていたものが逃げ出したのだろうか。最近、鑑賞魚として、それも商業用にアカザを採りにきているらしい。

　川面にみえる魚は大きなものは、ここでイダと呼ばれるウグイか、アカモトあるいはモトと呼ばれるカワムツ、小さなものはタカハヤだろう。芦生付近の大きな浅瀬に四、五月ころ、婚姻色に変わったウグイの大群が産卵のため集まる。芦生ではサクライダ、フジイダ、あるいはヨリイダと呼んでいた。川面の色が変わった。

　芦生ではヨカワ（夜川）といってカンテラや懐中電灯をもって夜の川を歩き、泳ぎだしているウナギを捕まえた。ときにはオオサンショウウオがでてきたと

釣り上げた大きなウグイ（イダ）〔コイ科〕

いう。私も誘われて何度かでかけたが、地下足袋をはいていても、暗い光の中、ぬるぬるした岩で何度も滑り、腰から下、時には全身ずぶ濡れになった。おまけに一度もウナギにお眼にかかれなかった。下流に大野ダムが建設され、ウナギ、マス（サクラマス）、ヤツメウナギ（スナヤツメ）などの遡上がなくなったのである。驚いたのはニョロキンと呼ぶアカザが足の踏み場もないほど動き回っていたことである。昼間どこに隠れていたのだろうと思った。しかし、口ひげがある気味の悪い魚、おまけに食べられないのだから、誰も捕ろうとしなかった。

そのかわり仕掛けの簡単な「夜付け・つけ針」をよくした。竹製やガラス製のもんどり（うけ・トラップ）を使う人もいたが、タカハヤやアジメドジョウなど小さな魚しか入らなかったので、興味がなかった。タコ糸に大きな釣り針をつけ、これに餌のミミズをつけ、川原のヨモギをからめて淵に投げ込んでおくのである。沈んだヨモギの葉が銀色に光り、どこに投げ込んだかがわかる。ウナギがヨモギのにおいに寄ってくるのだと聞いたが、どこにあるのか、投げ込んだところがすぐにわかるようにとのことであろう。夕方放り込んで、朝早く見に行く。日が高くなると逃げてしまうのである。もうウナギはかからなかったが、大きなウグイがよくかかった。四〇cmにもなるコイのような大きなものだった。しかし、小骨が多く、この魚はおいしいと思わなかったので、針をはずし、投げ込んできた。ときにハゲギギ（ギギ）やイシガメがかかった。ギギは刺すといわれ怖かったし、カメは針をはずしてやろうと思うのに、首をひっ込めて抵抗し、手間をとらせた。

イワナとヤマメ〔サケ科〕

由良川最上流の上谷・下谷にはイワナ、ヤマメ、アマゴ、タカハヤ、カジカが生息しているが、イワナ（*Salvelinus leucomaenis*）はもともと由良川水系にはいなかったものだといわれる。聞いた話では一九三八〜三九年頃、滋賀県朽木村生杉（現・高島市）・針畑川からもってきて放流したという。上谷・下谷にはいるが内杉谷、ヒックラ谷にはいない。もともとの生息地ではイワナ（岩魚）とヤマメ（山女）（*Salmo masou masou*）・アマゴ（*S. masou macrostomus*）は棲み分けをしており、ヤマメ・アマゴの上流側にイワナがいるのが普通らしいのだが、上谷や枕谷ではイワナとヤマメが同じ淵にいる。それでも本流にはヤマメが多く、支流にはイワナが多いという。イワナといっしょにパールマークと呼ばれる赤い斑点のあるアマゴも放流されたともいわれる。最上流地域ではヤマメとアマゴが混生していて、両者が交雑しているともいう。

ヤマメはサクラマスの陸封型で、日本海に注ぐ川に、アマゴはサツキマス（ビワマス）の陸封型で太平洋に注ぐ川に生息するといわれる。以前はこのサクラマス（マス）が芦生まで上ってきたようだ。

手づかみした大きなイワナ〔サケ科〕

タカハヤ〔コイ科〕とカジカ〔カジカ科〕

ヒツクラ（櫃倉）谷、上谷、枕谷などの最上流には芦生で、アブラハヤ、ダボラ、ダブラ、ヤマンダー、生杉でアブラモツ、クソモツなどと呼ぶタカハヤ（*Phoxinus oxycephalus jouyi*）がいる。『京都の秘境・芦生』でアブラハヤと記述したが、これはタカハヤの誤りらしい。アブラハヤは下流に棲むものだという。クソモツとはとても魚が登れないような滝の上にもいるので、鳥の糞が落ちて魚になったのだということだ。タカハヤは体長一〇cmくらいで土色をし、おちょぼ口で背中に小さな黄色い斑がある。ヤマメやイワナは一瞬に隠れるが、この魚はたいへん貪欲で小石を投げてもとびついてくる。餌なしでいくらでも釣れる。釣り上げると体表はぬるっとしている。

タカハヤのいる小さな淵の底には落ち葉が沈んでいるが、この中にはカジカが潜んでいる。カエルのカジカガエルでなく、魚のカジカである。体長一〇cmにもなる大きなドンコの仲間で、ゴリよりもずっと大きなものだ。下流でも砂地の浮石の下などにもいる。近畿大学農学部の鈴木誉士さんに見ていただいたところ、これまでアブラハヤといっていたものはタカハヤ、カジカはウツセミカジカ（カジカ小卵型）とのことであった。

両生・爬虫類

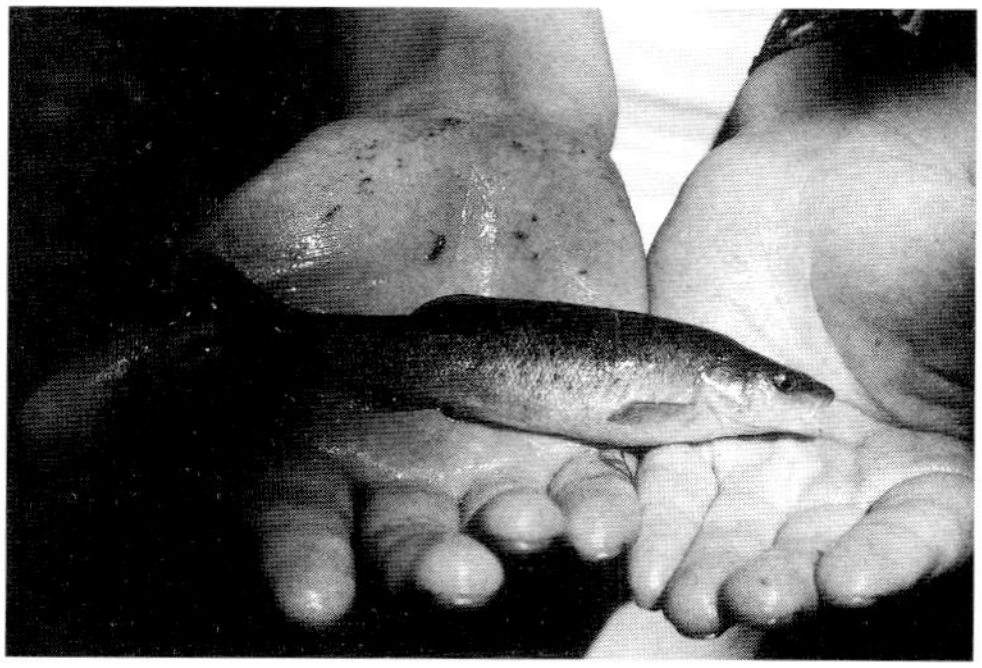

タカハヤ〔コイ科〕

ヒダサンショウウオ〔サンショウウオ科〕

芦生にはオオサンショウウオ、ヒダサンショウウオ、ハコネサンショウウオ、アズマヒキガエル、ナガレヒキガエル、カジカガエル、モリアオガエル、アマガエル、シュレーゲルアオガエル、タゴガエル、ナガレタゴガエル、ヤマアカガエル、イシガメ、イモリ（アカハライモリ）などの両生類と、アオダイショウ、ジムグリ、シマヘビ、ヤマカガシ、マムシ、ヒバカリ、シロマダラ、タカチホヘビ、ニホントカゲ、ニホンカナヘビなどの爬虫類《はちゅうるい》が記録されている。

このうちオオサンショウウオが環境庁の『レッドデータブック』では絶滅危惧Ⅱ類（VU）、『京都府レッドデータブック』でも絶滅危惧種にランクされ、ハコネサンショウウオが京都府の絶滅危惧種、ヒダサンショウウオは環境庁の準絶滅危惧種（NT）、京都府の準絶滅危惧種にランクされている

オオサンショウウオ（ハンザキ）〔オオサンショウウオ科〕

信じられないことだが、芦生ではオオサンショウウオ（*Andrias japonicus*）は六月の雨降りの日の夕方、赤ん坊の泣き声そっくりに泣くという。残念ながら、私は聞いたことがない。研究林事務所から上流の由良川本流にはかって大きなものがいたようだ。昔は夜川《よかわ》といって夜、懐中電灯やアセチレンランプをもってウナギを捕りに行った。このときよくオオサンショウウオをみたという。七瀬付近で体長一m、体重一二kgもの大きなものを捕ったことがあるそうだ。

現在では特別天然記念物に指定されているが、昔はこのオオサンショウウオ

オオサンショウウオ〔オオサンショウウオ科〕

ヒキガエル（アズマヒキガエル）〔ヒキガエル科〕（一般にガマと呼ばれている）

を芦生でも食べていたらしい。なぜか理由がわからないが、怒らせると苦くて食べられなくなるという。熱湯の上にまな板を置き、その上にのせ、お尻をこそばすと逃げて湯の中に落ちる。一瞬に落ちたのだから怒る時間はない。これでおいしく食べられるという。薄く切って刺身で食べる人もいたようだ。食べた人に聞くと、味はタラのように淡白なものだったとか、きついサンショウのにおいがしたとかいう。熱さまし、日射病、寝小便などにも効いたという。薬用としても食べたようだ。

小さなサンショウウオではヒダサンショウウオとハコネサンショウウオがいる。早春、まだ谷筋に残雪が残っているころ、枕谷や上谷の支流の細い流れの淵に空色にもみえる三日月状の卵のう（嚢）が沈んでいるし、早いものは孵化し、幼生が動いている。

モリアオガエル〔アオガエル科〕

上谷にある二つの小さな池のまわりの樹木には例年五、六月頃、たくさんのモリアオガエル（*Rhacophorus arboreus*）の卵塊が産みつけられる。ここのものは背中に模様のない緑色（無紋タイプ）の系統である。ときにはトチノキの高さ五mのところの下枝にもぶら下がる。はじめは純白であるが、次第に色あせ、長く伸び、下端から溶けて、小さなオタマジャクシが落ちていく。必ず下に池・水面があるのも不思議だ。母蛙が木に登り、月夜に水面に映る自分の姿を

サンショウウオ〔サンショウウオ科〕の幼体

モリアオガエルの産卵

みて下にまちがいなく水があることを確かめているとか、一度飛び降りてみて確かに下に水があるのを確認するのだとかいうが、どうだろう。

とはいえ、雨の後、ちょっとの間は水が溜まるもののすぐに涸れてしまうようなところの木の上にも卵塊がぶら下がっていることがある。オタマジャクシが落ちてもまったく水はない。こんなかわいそうな光景は何度かみた。

水があったらそれで生存が保証されるわけではない。小さな水溜りや池に、ハンターの黒い影をみつけるはずだ。イモリ（アカハライモリ）がオタマジャクシを食べようと口を開けて待っているのである。ほとんどは食べられてしまうのだろう。きびしい自然界の掟だ。

このモリアオガエルの卵塊は、池や水溜りの周辺の樹木にぶら下がっているだけではない。芦生や井栗の集落などでは、水田の周囲にも点々と産みつけられる。モリアオガエルは樹上に産卵し、水田の畔に産卵するのはシュレーゲルアオガエルだろうといわれたが、シュレーゲルアオガエルは畔に穴を掘って産卵し、普通、卵塊はみえないそうだ。草の上に産卵するのはモリアオガエルにまちがいないらしい。その卵塊が水際から少し離れた草むらに産みつけられていることがある。小さなカエルならまだしも、生まれたばかりのオタマジャクシでは水面にたどり着くのは容易ではないだろう。木から落ちたとき、下にかならず水がある、母親はよく考えていると感心していたのだが、これをみてひどい親もいるもんだとも思った。

モリアオガエル〔アオガエル科〕

もう一つ不思議に思ったのは、二〇〇五年の春のことだ。たくさんの卵塊がぶら下がったものの、そのあとまったく雨が降らなかった。上谷の下の池はまったく干上がり、上の池でも集まったイモリの背中が水面からでるほどだった。今年のモリアオガエルのオタマジャクシは全滅だと思った。ところがである。六月中旬、やっと雨があったあと、突然、二度目の卵塊がぶら下がった。産卵がすんでお腹の中に卵がなければ、もう産卵できなかったはずだ。非常事態を察知し、二度目の産卵ができたのだろうか、よく知らないモリアオガエルの生態だが、不思議なことだった。

芦生にはアカハラと呼ばれているイモリが多い。上谷や枕谷などの湿地や水溜りにはいつもうようよいる。ときには歩道まででてきている。冗談でなく、踏みつけないと先へ進めないことさえある。学生実習のキャンプ・ファイアーで興にのった学生がイモリを黒焼きにした。いっしょに食べたことがあるが、最近になってイモリにも毒があり、それはフグ毒だと聞いてびっくりしている。お腹の赤と黒の模様は一匹ずつちがう。どこにでもいるこのイモリが環境庁の『レッドデータブック』では準絶滅危惧種（NT）にランクアップされた。全国的にみると、圃場整備、水路のコンクリート化、そして宅地化などで、このイモリが激減しているらしいのである。

イモリ（アカハライモリ）〔イモリ科〕はどこにでもいる

マムシ（蝮）〔クサリヘビ科〕

昔はマムシ（ニホンマムシ）(*Glondius blomhoffii*) が多かった。今でもマムシ捕りには自信がある。マムシは足元もみえないような茂みの中にはいない。ススキ原の中の小道や森林内の歩道など、明るいところにいる。春や秋なら日向ぼっこにいいようなところだ。他のヘビならすぐに逃げるのに、毒をもっている自信からか、すぐそばへ行くまでじっとしている。とぐろを巻き、尻っぽの先を小刻みにぴりぴりと動かしている。

マムシによる死者は全国で年間一〇～二〇人とされるが、腎不全などを起こす重傷者はこの数倍に及ぶといわれる。よく、マムシは人が来ると、最初の人で気づき、二人目で攻撃用意をし、三番目の人に跳びかかるというが、マムシの方から跳びかかってくることはまずない。気づかずに踏んだり、捕まえようとして手を近づけ失敗して咬まれるといったことの方が多い。咬まれると針で刺したような電撃的な痛みが走るという。牙痕は一cm幅で両側に一つずつある。

以前はマムシに咬まれたときは、咬まれた部位を刃物で切開し血をだせとか、咬まれた部位の心臓側をきつく縛り、毒がまわらないようにしろといわれていたが、現在では切開での大量の出血やそこからの病原菌の侵入、またきつく縛ることでの壊死の方が余程危険とされ、このような処理はしない方がいいとされている。とはいえ、できるだけ早く血清の保管されている病院へ運ぶことが必要である。スパッツをつけるなど、備えは十分にしたい。

マムシ〔クサリヘビ科〕

昔はマムシが多かったといったが、私自身、一日に一七匹も退治した実績があるからだ。といっても、本当に捕ったのは七匹、お腹の中から、いくつもの卵がでてきたからである。六、七月頃のことだが、雌には四～六個の卵が入っている。黄身だけだ。この卵は焼くとおいしい。マムシ自身はみてわかるとおり、湾曲した骨の間に薄い肉がついているだけ、食べるところなどないし、おいしいものとは思わない。

マムシを捕まえ、首を落として皮を剝ぐと、胃の中にまだ溶けていないものが入っている。アカハラとかアカヘラと呼ばれるイモリ、カエル、小型のネズミ、大きなムカデなどが入っていたことがある。

芦生のマムシは背中の銭型模様ははっきりしているものの、黒褐色系だが、芦生演習林のあと赴任した和歌山県白浜町にあった京都大学白浜試験地のマムシはいわゆる赤マムシだった。見たもの、捕まえたものはどれも赤いマムシだったから、この地域のマムシは赤い色の系統なのだろう。頼まれて、この赤マムシを捕まえるたびに京都までもって帰った。とはいえ、その効果を疑っている私には効かないだろう。

芦生演習林勤務時代の学生実習では捕まえたマムシの皮をすぐに剝ぎ、ぴくぴく動いてる心臓や肝を食べさせた。「食べたい人」というと、英雄気取りのチャレンジャーがかならず現れた。一緒にでてきた卵もそのまま飲み込む勇気のある学生もいた。効果はないといったのだが、肝や心臓を呑んだという心理的

シロマダラ〔ヘビ科〕

なものだったのか、あるいは本当に効果があったのか、夜中に鼻血をだし、大騒ぎしたことがあった。

マムシでよくいわれるのが、マムシは土用を過ぎると気が荒くなり、何にでも咬みついてくるということだ。夏になると、人もよく山を歩くので、両者の遭遇が多くなることによるのではと思っているのだが、気が荒くなるのは、子供を産むからだという。ご存知のように、マムシは卵胎性で、小さなマムシを産む。この子マムシが口からでてくるというのである。子マムシが口からでるとき、母親の口の中の牙が邪魔になる。母親はこれを抜くため、何にでも咬みつくというのである。その時期が危ないという理由である。

ニワトリと同じように、マムシはお腹にある肛門（総排泄孔）からでてくるはずだというと、昔からみんながいっていることだ、どちらが本当か一升瓶一本賭けようということになった。確かめるといって、マムシを何匹か捕まえ、頭に網袋をかけ、口からでてくることを証明しようと努力してくれたが、オスだったのか、どれからも子マムシがでてこなかった。もちろん、私は一本を用意していなかった。でも、この話はみんな信じている。

等脚類

チビヒメフナムシ〔等脚目フナムシ科〕

一九七五年のこと、芦生研究林で森林の土壌動物を調べていた当時大学院生の塚本次郎さん（現・高知大学農学部准教授）が、ヒメフナムシ（ニホンヒメフナムシ）の仲間ではあるが、さらに小型のものがたくさんでてくるのをみつけた。大阪市立自然史博物館におられた布村昇さん（現・富山市科学博物館長）に同定を依頼したところ、一九七六年、『大阪市自然史博物館研究報告』三〇（一九七六）に「等脚目の新種チビヒメフナムシ（*Ligidium paulum*）」として記載された。ヒメフナムシの外部形態は海岸にいるフナムシに似ているものの、小型で体長は一cm程度しかない。森林の落葉の中など、やや湿ったところ、それも自然度の高いところに分布する。

わが国にはヒメフナムシ（ニホンヒメフナムシ）（*L. japonicum*）しかいないものと思われていたが、二種目のヒメフナムシが芦生で発見されたのである。

しかし、その後、本種は西日本から関東地方の尾瀬ヶ原まで、広く分布することがわかってきたし、近縁種のイヨチビヒメフナムシやキヨスミチビヒメフナムシ、リュウキュウヒメフナムシなども発見された。

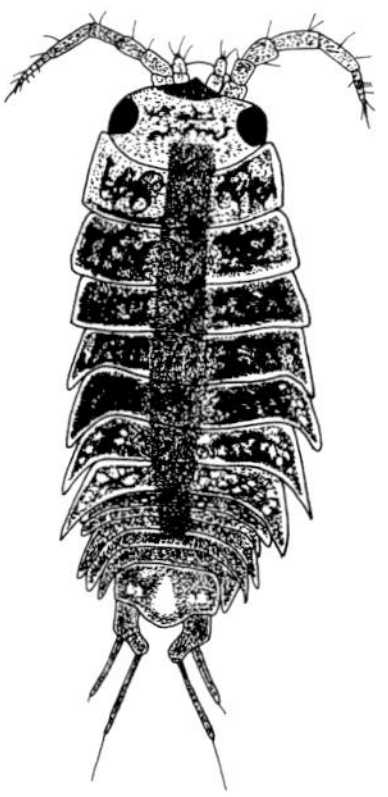

チビヒメフナムシ〔フナムシ科〕（Nunomura, N. 1976）

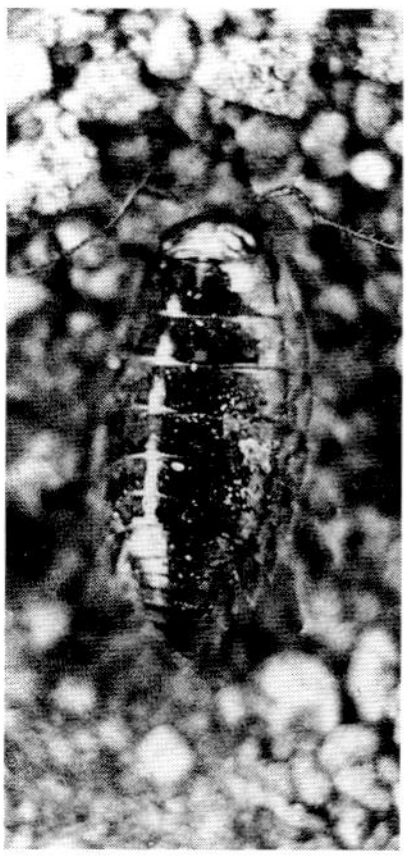

ヒメフナムシ〔フナムシ科〕（海岸にいるフナムシに近縁、亜高山の森林にまで分布する）

クモ類〔クモ綱クモ目〕

クモの新種が一一種

アシュウヤミサラグモ（アシフヤミサラグモ）〔クモ（蛛形）目サラグモ科〕

大阪市立大学理工学部におられた大井良次博士は、一九五八年五月〜六月、八月、一〇月に芦生のクモを調査され、『大阪市立大学理工学部紀要』一一号（一九六〇）に芦生から一一種もの新種を記載されている。いずれも皿状の浅いシート網をつくる体長一cm程度の小さなサラグモ科のクモで、記載されたのはナラヌカグモ（*Mithoplastoides naraensis* = *Dicornua naraensis*）、ズキンヌカグモ（*Gongylidioides cucullatus*）、ホソテゴマグモ（*Micrargus acuitegulatus*）、ノコバヤセサラグモ（ノコバヤセグモ）（*Lepthyphantes serratus*）、ヤセサラグモ（*Lepthyphantes japonicus*）、アシュウヤミサラグモ（アシフヤミサラグモ）（*Fusciphantes ashifuensis* = *Arcuphantes ashifuensis*）、クロテナガグモ（*Bathyphantes robustus*）、コケシグモ（Meioneta minuta）、ムネグロサラグモ（*Neolinyphia nigripectoris* = *Linyphia nigripectoris*）、ヤガスリサラグモ（*Linyphia pennata* = *Lynyphia albolimbata*）、シバサラグモ（*Linyphia herbosa*）、コシロブチサラグモ（*Prolinyphia marginella*）である。いずれも、一九五八年、大井良次さんによって採取され、模式（タイプ）標本とされている。

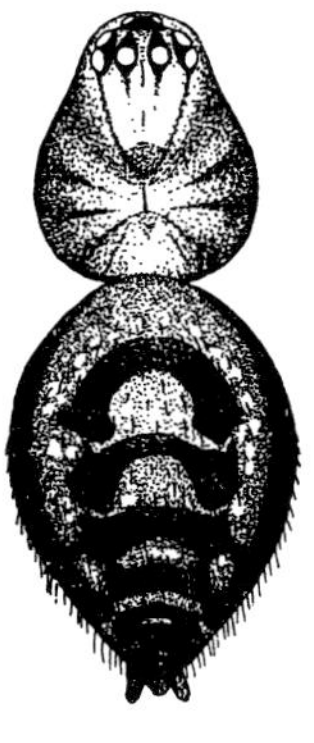

アシュウヤミサラグモ〔サラグモ科〕
（アシフヤミサラグモ　Oi, R. 1960）

また、この論文の中で、デーニッツサラグモ（*Doenitzius peniculus*）は大阪・観心寺、ツルサラグモ（*Neolinyphia japonica*）は奈良、ハシグロナンキングモ（*Erigonidium nigriterminorum*）とコサラグモ（*Aprifrontalia mascula*）は山形県羽黒町（現・鶴岡市）のものを基産地として新種記載、ザラアカムネグモ（*Asperthorax communis*）は近江長岡産の標本で新種記載したものであるが、いずれも芦生産のものを同時に参考記録としている。

芦生のクモについては加村隆英さんの採集記録（『くものいと』三、一九八四）があり、そこには一七科八五種が記録されている。中でもシナノアシナガグモは長野県で採集・記載されたものであるが、これが芦生を含め北山に広く分布していることが注目されるとある。しかし、大井さんが芦生から記載したクモのうち、ムネグロサラグモ、ツリサラグモしか採集されていないようだ。

このほか、ハシグロナンテングモ、ツリサラグモ、オオトリノフンダマシ、ヤリグモ、スネグロオチバヒメグモ、カラオニグモ、ハラビロミドリオニグモ、コケオニグモなど珍しいクモが芦生で採集されている。

クモに近縁で四対の長い歩脚をもつものにザトウムシ（メクラグモ）がある。クモ目は頭胸部と腹部に分かれるのに、ザトウムシ目ではこれらが合体し、くびれがない。芦生で採集したところ、ヒライワスベザトウムシ、トゲザトウムシ、オオヒラタザトウムシ、イラカザトウムシ、ヒコナミザトウムシ、アカサビザトウムシ、サトウナミザトウムシ*などが分布することがわかった。

＊ほかにモエギザトウムシ、ニホンアカザトウムシ、コブラシザトウムシ、マメザトウムシ、ヒメマメザトウムシが分布する。

ザトウムシ（メクラグモ）（（ザトウムシ科）クモのように頭胸部と腹部が分かれない。四対のきわめて長い脚をもつ）

ササラダニ〔クモ綱ダニ目〕

アシウタマゴダニとキレコミリキシダニ

ダニ目はアシナガダニ、カタダニ、マダニ、トゲダニ、ケダニ、ササラダニ、コナダニの七つの亜目に分けられるが、アシウタマゴダニ（アシウツヤタマゴダニ）（*Liacarus latilamellatus*）とキレコミリキシダニ（*Ceratoppia incisa*）は落ち葉などを食べるササラダニ亜目に属す。この二種は一九八一年、当時、京都大学大学院農学研究科の院生であった金子信博（現・横浜国立大学環境情報研究院教授）さんによってブナ・ミズナラ林の土壌中で発見されたものである。ツヤタマゴダニ科のアシウタマゴダニは体長〇・六〜一・二mm、卵形の小さなダニで、同属のものが日本に数種みつかっている。もう一つのセマルダニ科のキレコミリキシダニはこれも小さなダニで、からだ後端の二〜三対の毛が長く、力士が仕切っているときの「下がり」がピンと伸びたようにみえるので力士ダニの名をもつ。

横浜国立大学におられた青木淳一さんと金子信博さんにより新種として一九八二年に記載（『Edaphologia』二七）されたものである。両種はその後しばらく、芦生以外から採集されず、ここ芦生だけの分布かと環境庁のレッドリストでDD（情報不足）のランクになっていたが、最近になってアシウタマゴダニの方

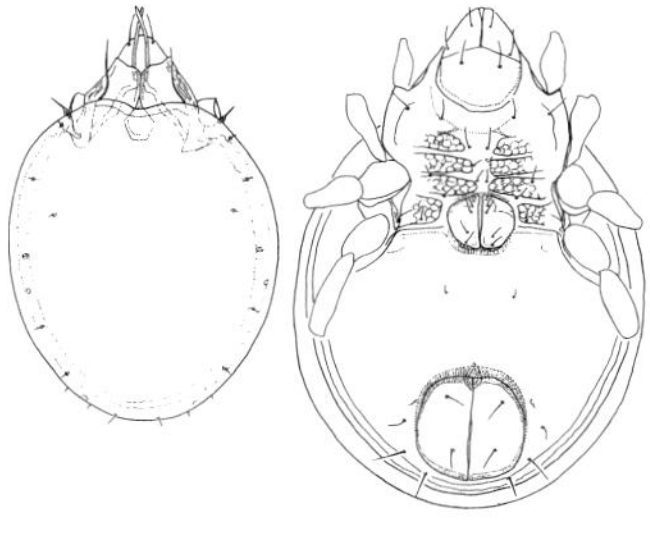

アシウタマゴダニ
（Kaneko, N. & J. Aoki 1982）

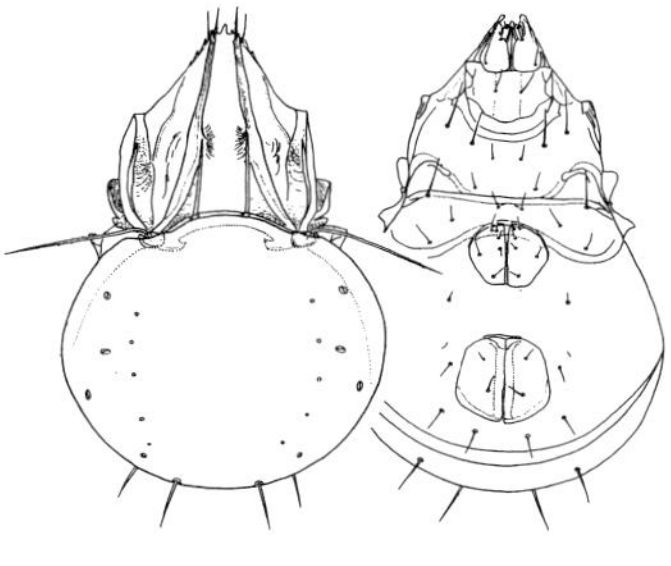

キレコミリキシダニ
（Kaneko, N. & J. Aoki 1982）

は新潟県越後駒ヶ岳、苗場山、丹後山、富山市山田、群馬県尾瀬などで発見され、芦生だけに分布するものではないことがわかってきた。キレコミリキシダニの方は現在のところ、芦生以外からの報告がないようだ。

ヒトの体につき血を吸うのはマダニの仲間である。ヤブ漕ぎなどで時にからだにくっつく。クマにもたくさんついていた。地表をはうルビーのように鮮やかなダニはケダニの仲間のアカケダニであるが、これはヒトにつかない。

陸生・淡水貝

芦生の陸生・淡水貝については、為金現さんの報告（一九八五）がある。少し古く、一九八五年八月六日から一二日の調査結果であるが、ミジンヤマタニシ、イブキゴマガイ、ゴマガイ、ニクイロシブキツボ、ニホンケシガイ、コシダカヒメモノアラガアイ、カワニナ、ヒラマキミズマイマイ、ヒラマキガイモドキ、ナミギセル、ハゲギセル、ウスベニギセル、ホソオカチョウガイ、ハリマナタネガイ、ナメクジ、カサキビ、タカキビ、ハリマキビ、キビガイ、コシタカシタラガイ、ヤクヒメベッコウ、ツノイロヒメベッコウ、ハクサンベッコウ、ヒラベッコウ、ウラジロベッコウ、コシタカコソベマイマイ、ニッポンマイマイ、ヤマタカマイマイ、ヒメビロウドマイマイ、オオケマイマイ、キイロオトメマイマイ、ニシキマイマイ、ヒラヒダリマキマイマイ、ドブシジミの三四種を記

マダニ［マダニ科］（ヒトの体につき血を吸う。ヤブ漕ぎなどで時にくっつく）

アカケダニ［ナミケダニ科］（鮮やかな赤色をしている）

録している。
この中でニクイロシブキツボ、コシタカコソベマイマイは分布の西限であろうとしている。

ニクイロシブキツボ〔イツマデガイ科〕

ニクイロシブキツボ（ニクイロイツマデガイ）（*Fukuia kurodai kurodai*）という小さな巻貝が、一九八五年八月為金現さんによってカズラ小屋付近で発見された。『トチの森の啓示』（一九八五）には岩谷と大谷の間の渓流のコケの間で発見されているとあるが、前者が正しいのであろう。この巻貝は日本海側の渓流に分布し、名のとおり渓流のしぶきのかかるところ、水浸しの岩壁や飛沫のかかる植物にも付着する半水生の巻貝で東北から北陸の日本海沿岸に点々と分布する。殻は卵円錐形で赤褐色、殻長九㎜程度の小さなものである。近似種のフクイシブキツボはさらに一回り小さく七㎜程度だとされる。

湊宏さんは本種ニクイロシブキツボは、秋田県から兵庫県にかけて分布、芦生のカズラ谷で採集されているとしているが、『京都府レッドデータブック』によれば舞鶴市（青葉山）でも確認されているという。兵庫県香住町（現・香美町）・浜坂町（現・新温泉町）でも採集されており、芦生は厳密には南限ではないが、南限地域といっていいのであろう。京都府絶滅危惧種、環境省準絶滅危惧種である。

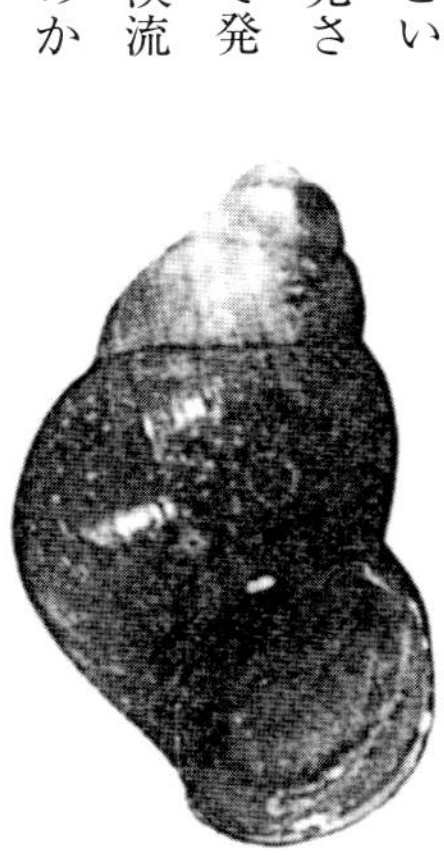

ニクイロシブキツボに近縁のニイガタシブキツボ〔イツマデガイ科〕（湊宏　一九七四）

大きなナメクジ、ヤマナメクジ〔柄眼目ナメクジ科〕

為金現さんの報告には入っていないが、芦生には手のひらいっぱい、一五cmにもなる大きなナメクジ、ヤマナメクジ（*Meghimatium fruhstorferi* = *Incilaria fruhstorferi*）がいる。ナメクジは貝殻をもたないマイマイ（カタツムリ）だ。よく見ているとマイマイと同様一対の大触角と小触角があるのがわかる。コウラ（甲羅）ナメクジのような殻は背中にはない。二〇〇六年七月下旬、ブナノキ峠への途中で大きなものが交尾していた。本種は本州・九州に分布するとされるが、この仲間の分類・生態の研究はまだ進んでいないようだ。触ると粘液がくっつくが、粘りは強く水で洗っても簡単にはとれない。

ミミズ〔ナガミミズ目フトミミズ科〕

シーボルトミミズ〔フトミミズ科〕

シーボルトミミズ（*Metaphire sieboldi*=*Phertima sieboldi*）は、長崎、オランダ商館付き医師として来日していたシーボルトがオランダに持ち帰った標本で、日本産ミミズではじめて学名がつけられたものである。主として、西日本の和歌山、高知、宮崎、鹿児島など太平洋側に分布する長さ三〇cm、重さ四五gにもなる金属光沢をおびた青、あるいは瑠璃色の大きなミミズである。太平洋側ではそれほど珍しいものではないが、雪深い芦生にも確実に分布する。こんなところにもいたと、あわてて素手で捕まえたら、粘液を飛ばされたことがあった。

シーボルトミミズ〔フトミミズ科〕（赤崎）

大きなナメクジ（ヤマナメクジ）〔ナメクジ科〕

V

芦生の昆虫

コメツキムシ〔鞘翅目コメツキムシ科〕

アシウアカコメツキとベッピンアカコメツキ

コメツキムシはお腹を上にして硬いノートなどの上におくと、頭を打ちつけてぴょんと跳ぶ。玩具にして遊んだ方も多いはずである。芦生のコメツキムシは平安高校教諭の岸井尚さんによって精力的に研究され、これまでに一〇三種もが記録されている。それも一〇種もの新種が記載されている。

アシウアカコメツキ（*Ampedus*（*Ampedus*）*ashiunis*）は体長は一cm程度の小さなコメツキムシで一九七二年五月に雌、一九七四年五月、雄が採集され、これをタイプ（模式）標本として、一九七六年に新種として掲載されたものである。芦生研究林では珍しくないが、分布地の近畿地方では少ないとされる。

タンバコクロコメツキ（タンバクロコメツキ）（*A.*（*Ampedus*）*tamba*）も体長七mm程度の小さなものであるが、一九七四年五月に採集され、アシウアカコメツキと同時に新種として記載されたものである。ヒゲナガクロコメツキ（*A.*（*Ampedus*）*aureopilosus*）は一九七三年五月に採集され新種とされたものだが、その後どこからも記録がないようだ。

ベッピンアカコメツキ（*A.*（*A.*）*beppin*）も一九七八年五月に採集され、新種とされたものだが、その後、富山・大阪でも記録されているが希少種で、芦生

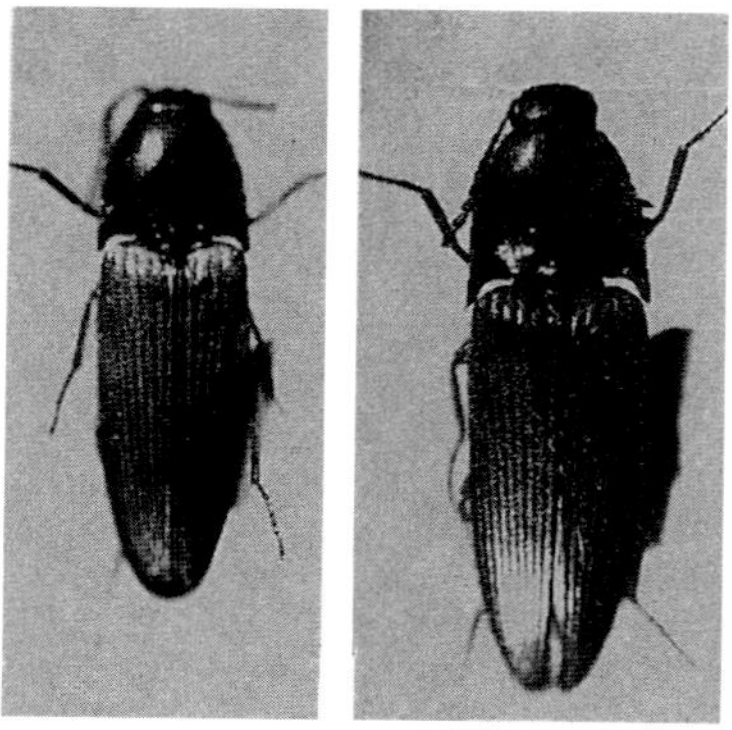

アシウアカコメツキ（左）とベッピンアカコメツキ（右）〔コメツキムシ科〕（Kishii, T.　1992）

＊前頁の写真「ハンノアオカミキリムシ」

でもこれまでにわずか三頭採集されているのみである。ミズノクロコメツキ（*A.*（*A.*）*mizunoanus*）も同様に一九七四年六月に採集され、その後、三重・奈良でも記録されたが少ない。オオアカシアカコメツキ（*A.*（*A.*）*ashiaka*）は一九七五年五月、芦生で採集され、一九九八年、新種記載されたものである。採集者はいずれも水野弘造さんで、記載は岸井尚さんによってなされた。

このほかヌバタマクロコメツキ（*A.*（*A.*）*nubatama*）は一九七五年七月、福島県湯の花温泉で採集されたのものを模式標本（ホロタイプ）、一九七八年五月、水野弘造さんによって芦生で採集されたものを副模式標本（パラタイプ）として新種記載された。ホソアカツヤコメツキ（*Scutellathous sasajii*）は奈良・大台ケ原のものをホロタイプ、一九七一年七月、谷幸三さんによって芦生で採集されたものをパラタイプ標本として新種記載されたもの、オトメアカコメツキ（*A.*（*A.*）*otome*）は一九九〇年六月、山梨県鳳凰山で採集されたものをホロタイプ、一九五一年七月、芦生で採集されたものをパラタイプとして、スオウコガネホソコメツキ（*Sericus tanakai*）も山口県錦町（現・岩国市）寂地山のものをホロタイプ、二〇〇二年五月に水野弘造さんによって芦生で採集されたものをパラタイプとして新種記載されたものである。フタキボシカネコメツキ（キボシカネコメツキ）（*Gambrinus kraatzi nihonicus* = *Limoniscus kraatzi nihonicus*）は一九五一年六月、鳥取県大山で採集されたものをホロタイプ、一九六二年五月に野村英世さんによって佐々里峠で採集されたものをパラタイプとして、新種とし

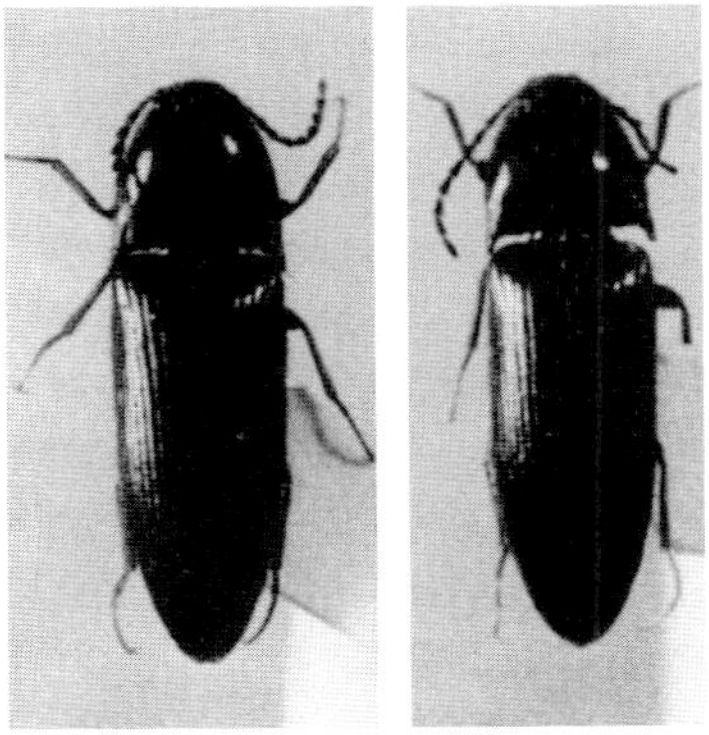

ミズノクロコメツキ（左）とヒゲナガクロコメツキ（右）〔コメツキムシ科〕（Kishii, T.　1988）

て記載されたものであるが、これも芦生産とみてよかろう。

なお、学名をもつ生物を定義する世界でただ一つの標本を「模式標本（ホロタイプ Holotype）」といい、この新種を記載した論文を原記載、その産地を「基産地（Type locality）」という。ホロタイプが指定されたあと、記載に参考にした同一種の他の個体を「副模式標本（パラタイプ Paratype）」という。これもこの種の大きさ、形態・斑紋・色彩のちがいを知るために重要なものである。また、ホロタイプがメスである場合、反対の性、すなわちオスの標本を指定することができ、これを「アロタイプ（Allotype）」という。いずれも大事に保存されないといけない貴重な標本である。

このほか、芦生のコメツキムシでは、ヘリアカカネコメツキは全国的に希少種とされ、京都府下でも芦生での一例があるのみ、ミゾムネチビサビキコリも全国的希少種で府下では芦生での二例のみ、シナノカネコメツキ、ホソアカツヤコメツキ、クロホソキコメツキ、ツカモトヒラタコメツキ、アカアシニセコメツキ、ナルカワナガクシコメツキ、ケシチビマメコメツキ、ミゾムネチビサビキコリ、ムネアカクロコメツキなども、京都府下では芦生、あるいは芦生とその周辺地域からしか報告のない希少種である。

『京都府レッドデータブック』では、ヘリアカカネコメツキ、ヒゲナガクロコメツキ、ナルカワナガクシコメツキが絶滅寸前種、ミゾムネチビサビキコリ、シナノカネコメツキ、ホソアカツヤコメツキ、クロホソキコメツキ、ムネアカクロコメツキ、アシウアカコメツキ、ベッピンアカコメツキ、ミズノクロコメツキ、ウロホソキコメツキが絶滅危惧種とされている。芦生からたくさんのコメツキムシの新種が記載されているのである。

カミキリムシ〔鞘翅目カミキリムシ科〕

フトキクスイモドキカミキリとシラユキヒメハナカミキリ

岡田節人・渡辺弘之「芦生産カミキリムシ」（『京都府の野生動物』一九七四）では一六一種としたが、その後、追加し、渡辺弘之「芦生演習林のカミキリムシ」『京都大学演習林集報』一一（一九七六）では一七八種を記録した。その後のことであるが、芦生で採集され新種として記載されたものが二種ある。フトキクスイモドキカミキリ（*Asaperda silvicultrix*）は一九八五年五月、花背・大見尾根で採集されたものをホロタイプ、一九八二年七月、助永隆夫さんによって芦生で採集されたものをパラタイプとして新種記載されたもの、また、小さなヒメハナカミキリの仲間のシラユキヒメハナカミキリ（ウスヨコモンヒメハナカミキリ）（*Pidonia dealbata*）も鳥取・大山のものをホロタイプ、一九七一年五月、水沼哲郎さんによって芦生で採集されたものをパラタイプとして新種記載されたものである。

芦生で採集されたカミキリムシのうち、ニセハムシハナカミキリは関東・中

ノリウツギ〔ユキノシタ科〕の花に飛来した、海洋性種といわれるフタオビミドリトラカミキリ〔カミキリムシ科〕

部の山岳地に局所的に分布するものであるが、一九五七年、芦生トチノキ平で採集された一例のみで、その後、記録がなく、絶滅種とされている。ブチヒゲハナカミキリは一九六八年七月、私が採集した一例のみ、北海道・本州山岳地に分布するもので、本種の分布の西限であったが、これもその後記録がなく京都府絶滅種とされている。

マヤサンコブヤハズカミキリは分布の西限になる記録であり、ヒラヤマコブハナカミキリは近畿では御在所岳、ヨコヤマトラカミキリは奈良・春日山、大阪・能勢、三重・平倉に次ぐもの、シコクヒメコブハナカミキリは岐阜県以西の本州・四国の山地に分布するが希少種、府内では芦生のみ、ビャクシンカミキリは中部地方以外ではじめて、ゴマフキマダラカミキリは本州中部と四国〜紀伊半島だけとされるものである。アサカミキリは京都では一九五一年に岸井尚さんによって採集された芦生と京都市東山のみだが、その後、記録がない。

ソボリンゴカミキリも本州では高野山に次ぐ発見であった。フタスジカタビロハナカミキリは本州・四国の山地に局所的に分布する希少種で府内では綾部市弥仙山と芦生の二か所のみとされているが、その後の記録がない。本種はヤマシャクヤクの花を訪れることが知られているが、山野草ブームでヤマシャクヤクの盗掘も多い。ヤマシャクヤクが消滅すれば本種の生存も危ない。オオトラカミキリは府下では芦生と大悲山のみ、モミを食樹とすることがわかっている。ピクチピコブカミキリは京都が基産地とされるが、北海道から九州に分布

珍しい芦生のカミキリムシ
A　ブチヒゲハナカミキリ
B　エゾトラカミキリ
C　ヨコヤマトラカミキリ
D　ハイイロツツクビカミキリ
E　ソボリンゴカミキリ
F　マヤサンコブヤハズカミキリ
G　ニセビロウドカミキリ

するものの稀少種で京都府下の最近の記録は芦生での一例だけである。タテジマハナカミキリやフタオビミドリトラカミキリのような海岸性といわれるカミキリムシが芦生にいるのも興味深い。

昆虫少年であった私が熱心に採集したのはこのカミキリムシであるが、何とコバネカミキリ、チビハナカミキリ、キヌツヤハナカミキリ、テツイロハナカミキリ、カエデノヘリグロハナカミキリ、ハコネホソハナカミキリ、ヒゲジロハナカミキリ、オオクロハナカミキリ、ジャコウホソハナカミキリ、フタスジハナカミキリ、ヒゲジロホソコバネカミキリ、オオホソコバネカミキリ、マルガタハナカミキリ、ヒゲブトハナカミキリ、タテジマホソハナカミキリ、カタキハナカミキリ、ヤマトヒメハナカミキリ、チャボハナカミキリ、ヘリウスハナカミキリ、ムナコブハナカミキリ、シロオビトラカミキリ、エゾトラカミキリ、タカオメダカカミキリ、ツマキトラカミキリ、ゴマフキマダラカミキリ、シナノクロフカミキリ、ヒゲナガシラホシカミキリ、クロニセリンゴカミキリ、ホソヒゲケブカカミキリ、ハンノアオカミキリ、マダラゴマフカミキリ、クリイロシラホシカミキリ、ヒゲナガゴマフカミキリ、カスガキモンカミキリ、ジユウニキボシカミキリなどが京都府下では芦生、あるいは芦生とその周辺のみの分布なのである。このほか、ヒゲブトハナカミキリ、クロルリハナカミキリ、クロスジハナカミキリ、ヤマトキモンハナカミキリ、ベニバハナカミキリ、オダヒゲナガコバネカミキリ、サドチビアメイロカミキリ、トウキョウトラカミ

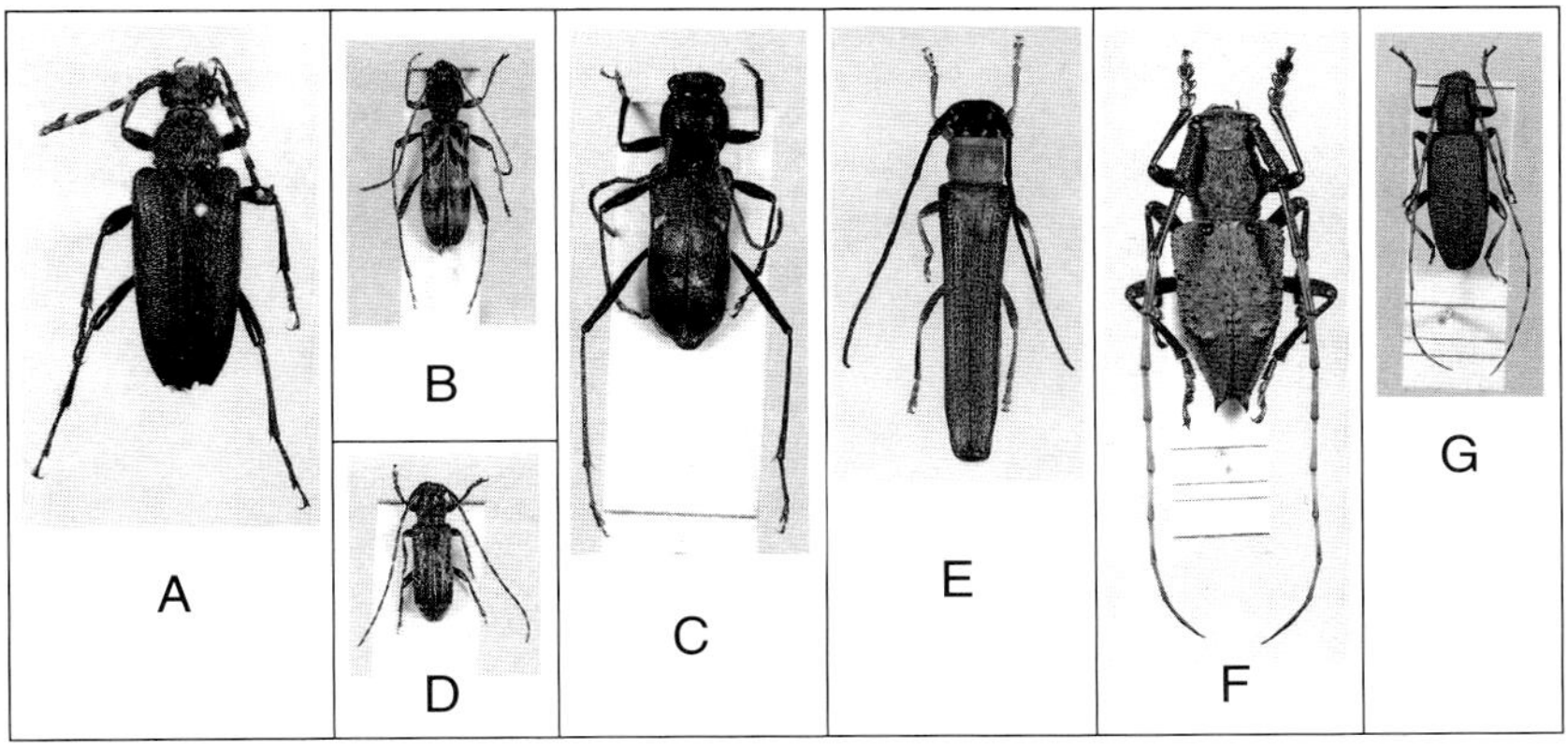

キリ、ムネマダラトラカミキリ、ヤマトシロオビトラカミキリ、タカオメダカカミキリ、ハイイロツツクビカミキリ、ホソモモブトカミキリなども分布が限られているか、稀にしか採集されないものである。スネケブカヒロコバネカミキリも記録されているらしい。カミキリムシ好きにとっては一度は自分で採集してみたいものだ。その後に確認されたものもあり、カミキリムシだけで一九〇種近くになるようだ。

このうちニセハムシハナカミキリ、ブチヒゲハナカミキリ、アサカミキリは京都府絶滅種、フタスジカタビロハナカミキリ、シコクヒメコブハナカミキリ、オオトラカミキリ、エゾトラカミキリが絶滅寸前種、ヒゲジロホソコバネカミキリ、オオホソコバネカミキリ、ヒゲブトハナカミキリ、ムナクボハナカミキリ、ヨコヤマヒゲナガカミキリ、マダラゴマフカミキリが絶滅危惧種である。芦生研究林のカミキリムシ相の豊富なことが知られ、一時、全国からカミキリムシ愛好家が芦生へやってきた。演習林でもっとも収益をあげていた時代、貯木場には大きなブナやミズナラの丸太が積まれていて、これにきれいなルリボシカミキリや珍品とされるカミキリムシが次々と飛来してきたのである。

スギ丸太を製材したとき木口に紫変が現れ、商品価値を下げるいわゆる「すぎのとびぐされ」現象の犯人、スギノアカネトラカミキリとトゲヒゲトラカミキリがコバノガマズミ、サワフタギ、ノリウツギなどの花を訪れていること、実際に「すぎのとびぐされ」が発生していること、またスギの樹幹下部が膨れ

サワフタギ〔ハイノキ科〕

きれいなルリボシカミキリ〔カミキリムシ科〕

樹脂をだす「すぎのはちかみ」の原因とされるスギカミキリの分布も報告した。スギ造林地の多いことからみても、これらの害虫の発生・被害については注意が必要であろう。

サワフタギ〔ハイノキ科〕にはまっ白い小さな花が蜜につき、秋にはるり色のきれいな実がなる。この花にはカミキリムシが好んで訪れる。一九六九年五月のこと、研究林の学生宿舎まえにあった満開のサワフタギに、朝四時から夕方八時まで、連続してどんなカミキリムシが飛来するのか調べてみたことがある。

この一本のサワフタギに、二六種、二六三個体のカミキリムシが来た。早朝、前夜から泊まっていたセスジヒメハナカミキリやチャイロヒメハナカミキリなど、小型のヒメハナカミキリ類が動きだし、これらヒメハナカミキリ類の飛来は午前九〜一二時と、午後四〜六時に多かった。

一方、ヘリウスハナカミキリ、ツヤケシハナカミキリなど大型のハナカミキリ類はやや遅く、一〇〜一二時に現れ、日中には来ず、午後四〜五時にもう一度現れた。

ヨコヤマトラカミキリ、キンケトラカミキリなどトラカミキリ類は日中の飛来であった。気温、湿度、風力など気象条件とともに、花の開花期、花粉、花蜜の成熟・分泌時刻なども関係するのだろうが、カミキリムシ好きにとってはサワフタギの開花はみのがせない。

サワフタギの実

サワフタギの花に来たクロスジハナカミキリ

甲虫〔鞘翅（甲虫）目〕

芦生の甲虫については大石久志さんが「京都府芦生地域の甲虫相」『昆虫と自然』三七（二〇〇二）として、また水野弘造さんが「京都・芦生演習林の甲虫相（1～9）『Gekkann-Mushi』（一九七六～一九七八）として紹介されているし、『京都府レッドデータブック』（二〇〇二）にもたくさんの関連した記述がある。

オサムシ科オサムシ亜科は八種、中でもアキオサムシは京都府下では芦生と夜久野町（現・福知山市）のみ、福井県頭巾山・青葉山とともに分布の東限、ゴミムシ亜科ではクロマルクビゴミムシ、コホクメクラチビゴミムシ、ミヤマミズギワゴミムシ、ヒメカワチゴミムシ、ムナビロナガゴミムシ、カタボシホナシゴミムシなど府下では芦生でのみ記録されたものを含め約五〇種、中でもクロマルクビゴミムシは北海道・中部山岳地に分布する寒地性のゴミムシで府下では芦生での記録だけ、分布の西限とされたが、一九五三年の野淵輝さんの記録以降採集されておらず、京都府カテゴリーでは絶滅種とされている。

クワガタムシ科ではルリクワガタ、マグソクワガタ、マダラクワガタ、アカアシクワガタ、ミヤマクワガタ、ノコギリクワガタ、ヒメオオクワガタ、スジクワガタ、コクワガタ、オニクワガタなどが確認されている。ルリクワガタは府内では芦生のみ、ヒメオオクワガタは芦生と綾部市・頭巾山のみ、マグソクワガタは京都府下では芦生と大悲山のみ、しかも後者はたった一例のみとされ

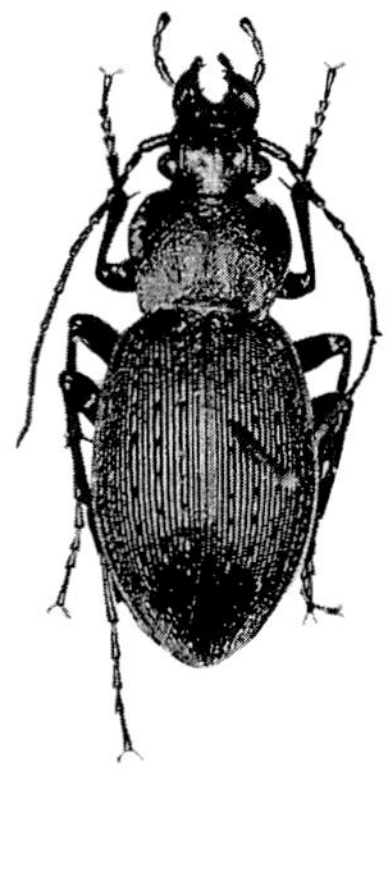

アキオサムシ〔オサムシ亜科〕〈写真　水野弘造〉
(Gekkan-Mushi, 86, 1978)

る。マグソクワガタはコガネムシに似た特異なクワガタムシ、マダラクワガタは体長五mm程度で背中に黒と金色のまだら模様のある変わったクワガタムシ、どちらもわれわれのクワガタムシのイメージからはほど遠いものだが、まちがいなくクワガタムシの仲間だという。これも分布は限られている。マグソクワガタとヒメオオクワガタが京都府絶滅寸前種、ルリクワガタとオニクワガタが絶滅危惧種とされている。

コガネムシ科はオオチャイロハナムグリなど約四〇種、オオチャイロハナムグリは京都では芦生のみの記録。**タマムシ科**はアオタマムシ、コガネナガタマムシ、ミヤマナカボソタマムシ、ルイスナカボソタマムシなど九種、**ベニボタル科**はツヤバネベニボタル、ミダレクロベニボタル、ジュウジベニボタル、フトベニボタル、アカゲハナボタル、クロアミメボタルなど芦生とその周辺のみで確認されているもの、スミアカベニボタル、スジグロベニボタルなど京都府内でも分布の限られているものを含め約二〇種が記録されている。

ケシキスイ科はマルヒラタケシキスイ、ヨツボシアカマルケシキスイ、ヒメクロマルケシキスイ、マルマルケシキスイ、フトヒゲツヤマルケシキスイ、ヒヨウモンケシキスイなど、これも芦生、あるいは芦生とその周辺でのみ記録されているものを含め約二五種、中でもマルヒラタケシキスイは芦生と佐々里峠での記録のみで絶滅寸前種、ヨツボシアカマルキスイが絶滅危惧種である。**ヒラタムシ科**はルリヒラタムシ、ベニヒラタムシ、エゾベニヒラタムシ、ヒゲナ

ルリクワガタ
〔クワガタムシ科〕〈写真　水野弘造〉

オオチャイロハナムグリ
〔コガネムシ科〕〈写真　水野弘造〉
(Gekkan-Mushi, 86, 1978)

ガヒメヒラタムシなど九種が記録され、ルリヒラタムシは京都府下では芦生だけとされ、絶滅危惧種である。エンマムシ科はエンマムシモドキ、ホソエンマなど六種。

ナガクチキムシ科は水野弘造さんによってくわしく調べられ、ヒメカツオガタナガクチキ、ミヤマヒゲナガクチキ、ネアカツツナガクチキ、ミゾバネナガクチキ、キスジナガクチキ、ライデンニセハナノミ、オオクロホソナガクチキ、ムネアカナガクチキ、イツモンナガクチキ、ヒゲブトナガクチキ、セアカナガクチキなど一八種が記録され、ヒメカツオガタナガクチキは北海道・本州に分布するが原記載以後一〇〇年間で全国数例で本州では青森・新潟のほか、芦生での二例しかないとされ、ヒゲブトナガクチムシも全国的希少種で府下でも芦生、佐々里峠、久多、大文字山からの記録があるに過ぎず、ともに京都府絶滅寸前種、ヨツスジクチキムシは大悲山でみつかったものであるが、これも芦生に分布する可能性は高い。

ゴミムシダマシ科は二八種、オオダイマグソコガネダマシは希少種で芦生は分布の北限、ヒサゴゴミムシダマシは山地性種で京都府下では芦生のみ、ともに京都府絶滅寸前種、この他、マルツヤニジゴミムシダマシ、クワガタゴミムシダマシ、ヨツモンツヤゴミムシダマシ、ヒラツノキノコゴミムシダマシ、カラカネヒメキマワリ、ヒメユミアシゴミムシダマシなどはその分布は芦生とその周辺に限られる。アトコブゴミムシダマシ、コブスジゴミムシダマシ、コモン

ミゾバネナガクチキ
〔ナガクチキムシ科〕
〈写真　水野弘造〉
(Gekkan-Mushi, 86, 1978)

キノコゴミムシダマシは芦生が分布の北限、セコブナガキマワリは鞍馬山で採集され命名されたものであるが、鞍馬のほかは芦生で採集されているのみ、絶滅寸前種とされている。

ハムシ科はハギツツハムシ、キムネアオハムシ、ムネアカウスイロハムシ、アカアシナガトビハムシなど分布が芦生に限られるものを含め約六〇種、ゾウムシ科はヒゲナガゾウムシなど二〇種、オトシブミ科一七種、ミツギリゾウムシ科四種で、ホソミツギリゾウムシやチャバネホソミツギリゾウムシはたいへん珍しいものだという。カミキリモドキ（カミキリモドキムシ）科のルリカミキリモドキは北海道・本州の山岳地に分布し、一九五八年、芦生での鹿島毅さんの採集記録があり、分布の西限とされるが、その後、採集されず、京都府絶滅種とされている。テントウムシ科ではクロジュウニホシテントウは芦生と鞍馬山、クロヘリメツブテントウは芦生のみで、ともに京都府絶滅寸前種、コカメノコテントウも分布は芦生に限られる。このほか、ゲンゴロウ科の渓流にいるクロマメゲンゴロウなどの分布は特筆されるものだという。

アシュウナガツツキノコムシとケマダラナガツツキノコムシ

芦生の甲虫相がいかに豊富かを知っていただくために、もう少し紹介したい。『京都府自然環境目録』（二〇〇二）の昆虫類のところをみれば、その分布が「芦生のみ」あるいは「芦生およびその周辺」とされているものがいかに多いかが

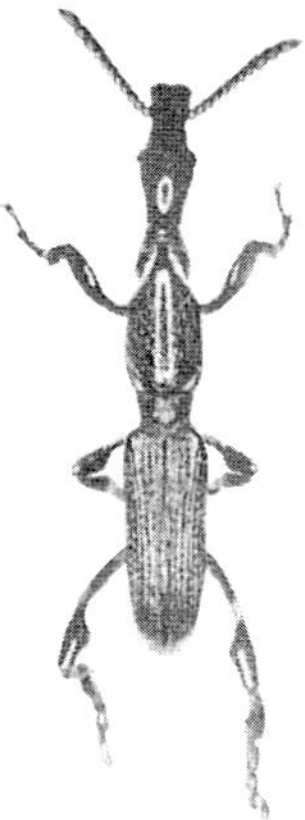

ホソミツギリゾウリムシ〔ハムシ科〕
〈写真　水野弘造〉
(Gekkan-Mushi, 86, 1978)

オオカメノコテントウ
〔テントウムシ科〕

わかる。府下では芦生にしか分布しないということである。

タマキノコムシ科のセモンマルタマキノコムシ、ベニモンヒゲブトタマキノコムシ、ハバビロタマキノコムシ、ズモンタマキノコムシ、**アリヅカムシ科**のヒゲカタアリヅカムシ、**デオキノコムシ科**のヒメセスジデオキノコムシ、**ダエンマルトゲムシ科**のシラホシダエンマルトゲムシ、**ナガハナノミダマシ科**のハバビロナガハナノミダマシ、**ヒラタドロムシ科**のマルヒラタドロムシ、**ホソクシヒゲムシ科**のムネアカクシヒゲムシ、**コメツキダマシ科**のカドハラヒメフトコメツキダマシ、コガタフチトリコメツキダマシ、クシヒゲミゾコメツキダマシ、スジヒメミゾコメツキダマシ、ホソナガコメツキダマシ、トゲナガミゾコメツキダマシ、メスグロミゾコメツキダマシ、ミヤマヒメコメツキダマシ、**コクヌスト科**のオオマダラコクヌスト、**ネスイムシ科**のムネビロネスイ、ムクゲネスイ、**ヒメハナムシ科**のフタホシヒメハナムシ、**ムクゲキスイムシ科**のフトナミゲムクゲキスイ、クロアシムクゲキスイ、ベニモンムクゲキスイ、**オオキノコムシ科**のコヒゲチビオオキノコ、オオキノコムシ、カタモンナガチビオオキノコ、カタモンチビオオキノコ、**テントウムシダマシ科**のハバビロテントウムシダマシ、**コキノコムシ科**のマダラヒメコキノコムシ、**ハナノミ科**のビロウドハナノミ、ナカネヒメハナノミ、カトウヒメハナノミ、ゼンチハナノミ、セグロヒメハナノミ、ジュウジモンハナノミ、フタモンハナノミ、ヒラサンハナノミ、**ホソカタムシ科**のマメヒラタホソカタムシ、**コブゴミムシダマシ科**のア

交尾するクビアカトラカミキリ
〔カミキリムシ科〕

トコブゴミムシダマシ、ハムシダマシ科のクロケブカハムシダマシ、アカハネムシ科のオオクシヒゲビロウドムシ、クシヒゲビロウドムシ、ムネアカクロアカハネムシ、チビキカワムシ科のフタオビチビキカワムシ、アリモドキ科のケナガクビボソムシ、ツツキノコムシ科のアシュウ（アシウ）ナガツツキノコムシ、ケマダラナガツツキノコムシなど、いずれもが京都府下では芦生のみから記録されているものである。

ナガハナノミダマシ科のハバビロナガハナノミダマシは本州・四国に分布する希少種で京都府下では芦生のみ、京都府絶滅危惧種、ダエンマルトゲムシ科のシラホシダエンマルトゲムシが絶滅寸前種、ネスイムシ科のムネビロネスイとムクゲネスイが両種とも絶滅寸前種、ツツキノコムシ科のアシュウ（アシウ）ナガツツキノコムシとケマダラナガツツキノコムシは芦生を原産地として記載されたものだ。芦生からしか記録がないのに、多くはまだ絶滅危惧種・準絶滅危惧種に指定されていないが、芦生からいなくなれば、京都府からは絶滅ということになるのである。

日本昆虫学会が芦生に鞘翅目昆虫（甲虫）を主に多数の貴重な種が分布することから、芦生を「昆虫類の多様性保護のための重要地域」に指定したのも理解していただけるであろう。

ヒゲナガゴマフカミキリ
〔カミキリムシ科〕

チョウ〈蝶〉〔鱗翅（チョウ）目〕

芦生の蝶

チョウの愛好家は多いので、ここに少し古いが緒方政次「芦生の蝶」『緑蝶』3（一九七六）に記録されたチョウ類七五種と、このリストには入っていないギフチョウを付け加えた。また、キベリタテハについても、後に述べる。

セセリチョウ科

ミヤマセセリ、ダイミョウセセリ、アオバセセリ、キマダラセセリ、ヘリグロチャバネセセリ、ヒメキマダラセセリ、コチャバネセセリ、ホソバセセリ、オオチャバネセセリ、イチモンジセセリ

アゲハチョウ科

ウスバシロチョウ、キアゲハ、アゲハ、オナガアゲハ、クロアゲハ、モンキアゲハ、カラスアゲハ、ミヤマカラスアゲハ、ギフチョウ

シロチョウ科

モンシロチョウ、スジグロシロチョウ、エゾスジグロシロチョウ、ツマキチョウ、スジボソヤマキチョウ、キチョウ、ツマグロキチョウ、モンキチョウ

シジミチョウ科

ムラサキシジミ、ウラキンシジミ、アカシジミ、ミズイロオナガシジミ、ウスイロオナガシジミ、ウラクロシジミ、フジミドリシジミ、オオミドリシジ

キマダラルリツバメ〔シジミチョウ科〕
〈写真　保賀昭雄〉

ミ、ジョウザンミドリシジミ、エゾミドリシジミ、メスアカミドリシジミ、アイノミドリシジミ、ヒサマツミドリシジミ、キマダラルリツバメ、トラフシジミ、コツバメ、ゴイシシジミ、ベニシジミ、ウラナミシジミ、ツバメシジミ、ヤマトシジミ、スギタニルリシジミ、ルリシジミ、ウラギンシジミ、

マダラチョウ科

アサギマダラ

テングチョウ科

テングチョウ

タテハチョウ科

クモガタヒョウモン、ミドリヒョウモン、オオウラギンスジヒョウモン、ウラギンヒョウモン、ツマグロヒョウモン、イチモンジチョウ、アサマイチモンジ、コミスジ、ミスジチョウ、サカハチチョウ、アカタテハ、ルリタテハ、ヒオドシチョウ、キタテハ、オオムラサキ、コムラサキ、スミナガシ、キベリタテハ

ジャノメチョウ科

ヒメウラナミジャノメ、ヒメジャノメ、コジャノメ、クロヒカゲ、ヒカゲチョウ、ヤマキマダラヒカゲ、ヒメキマダラヒカゲ、

オオムラサキ（雄）〔タテハチョウ科〕（日本の国蝶、幼虫はエノキ・エゾエノキの葉を食べる）

ギフチョウとウスバシロチョウ〔アゲハチョウ科〕

アゲハチョウの仲間だが、両種とも翅《はね》に尾状突起をもたない。幼虫・蛹《さなぎ》・成虫の形態に古い形質を残しており、古いタイプの蝶とされる。ギフチョウ（*Luehodrfia japonica*）は年一回の発生、黒と黄色の鮮やかなだんだら模様で、後翅には赤、黄、青の小さな斑紋がつながるきれいなチョウで「春の女神」と呼ばれる。卵はウマノスズクサ科のカンアオイ属植物の新葉に産み付けられ、幼虫は集合して生活する。浮いた石の裏側や落ち葉の裏などで蛹になり、そのまま夏・冬を越す。芦生にはフタバアオイとアツミカンアオイがある。芦生では四月にみられるが多くはない。最近では、二〇〇五年四月二七日にも、内杉谷の堰堤上で目撃した。環境省絶滅危惧II類（VU）、京都府準絶滅危惧種、京都府天然記念物（特に地域を定めず）に指定されている。

一方、ウスバシロチョウ（*Parnassius glacialis glacialis*）はモンシロチョウよりやや大きく、シロチョウと名があるがこれもアゲハチョウの仲間である。羽化直後は白い鱗粉が翅を覆っているが次第にはがれ、半透明になる。名の由来である。ケシ科のムラサキケマン、キケマン、ヤマエンゴサクなどを食草とする。芦生にはムラサキケマン、ヒメエンゴサク、キンキエンゴサク、ミヤマキケマンがある。幼虫はこれら食草の葉の展開とともに孵化し、成虫はやや遅れて、六月上旬に羽化する。本種も年一回の発生で、卵は食草でなく、その周辺の石などに産み付けられるという。卵はそのまま、夏・冬を越すらしい。

ウスバシロチョウ〔アゲハチョウ科〕の交尾

キケマン〔ケシ科〕
（ウスバシロチョウの幼虫の食草）

五月下旬～六月上旬のよく晴れた日には、由良川沿いの灰野、小ヨモギや野田畑湿原などに弱々しく乱舞しているのが観察できる。芦生の民家の庭のマーガレットにもよくきている。雨が降ると、大きな葉の裏に翅を水平に広げてとまっている。

ミドリシジミ類〔シジミチョウ科〕

蝶愛好家が捜しまわるゼフィルスと呼ばれるミドリシジミ類のうち、芦生ではフジミドリシジミ、オオミドリシジミ、ジョウザンミドリシジミ、エゾミドリシジミ、メスアカミドリシジミ、アイノミドリシジミ、ヒサマツミドリシジミ、ウラキンシジミ、アカシジミ、ミズイロオナガシジミ、ウラクロシジミなどが確認されている。

フジミドリシジミはブナ・イヌブナ、オオミドリシジミ、ジョウザンミドリシジミ、エゾミドリシジミ、アイノミドリシジミはミズナラ・コナラ、メスアカミドリシジミはヤマザクラなどサクラ類、ヒサマツミドリシジミはウラジロガシが食樹である。芦生にこれらの蝶が分布する理由である。

キベリタテハ〔タテハチョウ科〕

一九七三年一〇月三日、よく晴れた日の倒壊まえの長治谷作業所でのことである。ひょっとみると作業所入り口の大きな柱にキベリタテハ（*Nymphalis*

キベリタテハ〔タテハチョウ科〕（志賀高原）

下草上に静止するフジミドリシジミ（雄）〔シジミチョウ科〕〈写真　緒方政次〉

antiopa）がいる。翅を水平に伸ばしたかと思うと、今度は一瞬に垂直に翅を閉じる。まぎれもなくキベリタテハであった。こんなところにいるなんて、捕まえなければ誰も信用してくれない。しかし、捕虫網などもっていない。頭に巻いていたタオルをそっとはずし、押さえようとしたが、あっという間に逃げられた。

キベリタテハは名前の通り黒っぽい翅の外縁が黄色いタテハチョウで本州中部地方以北の亜高山から高山、北海道では平地にいるが、分布の西限は加賀白山、あるいは伊吹山だとされる。食草（食餌植物）はカバノキ科のダケカンバ、シラカバ、ウダイカンバ、ヤナギ科のドロノキ（ドロヤナギ）、オオバヤナギ、バッコヤナギなどである。これらは芦生には自生しないが、扇谷には一九七一年播種のシラカバ植栽地があるし、長治谷や研究林事務所周辺にも単木で植栽されたものがある。シラカバに発生しているのかも知れないが、多分ここで発生しているものでなく、どこからか飛んできたいわゆる迷蝶ということだったのだろう。証拠を残せなかったことが今でも残念だ。

ところが、安藤信さんからも一九八〇年代に見たことがあると聞いたし、つい最近、二〇〇四年七月に、セミ類を調査されている今井博之さんがケヤキ峠からブナノキ峠への登り口近くで確実にキベリタテハをみたと聞いた。見まちがえることのない特徴あるチョウだ。やはり芦生で発生しているのかも知れない。ぜひ確認して欲しいことだ。

ゴマダラチョウ〔タテハチョウ科〕

芦生のセミ〔半翔（セミ）目〕

ニイニイゼミ、アブラゼミ、ヒグラシ、ツクツクボウシ、ミンミンゼミ、チッチゼミなど普通のセミがいる。ハルゼミはいないとされているが、芦生で確実に鳴き声を聞いている。南方系のクマゼミは以前はいなかったのだが、最近は鳴いている。私が気がついたのはつい最近（二〇〇五年）のことだが、一九九七年から鳴いているという。温暖化の影響かも知れないが、村落と村落の間は離れており、遠くまでの飛翔能力のないセミが、どうやって分布を広げるのだろう。

芦生にはエゾハルゼミが確実にいる。このことは在任中に気づいていたが、ブナ林ならどこにもいるものと、とくに気にしていなかった。ところが、最近出版された『京都府レッドデータブック』（二〇〇二）では京都府下の産地は大江山だけとあり、京都府準絶滅危惧種に指定されていることを知った。昔から芦生にもいるのにと思ったが、報告していなかったのだから、学術的には分布が認められていなかったということだ。

エゾハルゼミはヒグラシに似ているが雄の腹部がより鮮やかなオレンジ色だ。「ミョーキン、ミョーキン、ケケケケ……」と特徴のある鳴き声をし、鳴き終えると場所を変える「鳴き移り」をするし、一匹が鳴くと他の個体も同調していっせいに鳴きだす。芦生では下谷、上谷、枕谷などのブナ林にいるが、数は多

エゾハルゼミの雌（左）と雄（右）〔セミ科〕

くないし、結構高いところで鳴くので採集は簡単ではない。証拠はブナの大木の根元に落ちる抜け殻を捜すことだろう。数では佐々里峠の方が多いと思った。

しかし、この多い・少ないという印象も、季節・時刻・天候による。同じ日でも、朝と昼とではまったくちがうからである。本種は北海道から九州まで分布するが、西日本ではブナ林など標高の高いところに限られている。芦生で鳴いている期間は五月下旬から七月下旬までと案外長い。近畿地方では比良山の小女郎池周辺の低木林にはきわめて多く、七月上旬にはやかましいほどである。

芦生のエゾハルゼミについては最近、今井博之・岡部芳彦・二村一男さんが報告（二〇〇五）され、芦生にもいることがはっきりした。京都では大江山のほか、福井県境の五波峠、芦生、佐々里峠、品谷山、片波川源流、八丁平、尾越、そして愛宕山など、京都北山には広く分布しているようだ。今井博之さんらにより、鳴き声を録音しての音声分析、そしてもっと確実な証拠の抜け殻採集から、このエゾハルゼミのほか、アカエゾゼミ、エゾゼミ、コエゾゼミも芦生に分布することが確認されている。

アカエゾゼミは名のとおり北方系の大型のセミで、北海道から九州まで分布するが西日本ではブナ林に限られる。京都府下では大江山・八丁平から記録があるようだが、芦生にも確実にいる。これも今井さんらによって脱皮殻も採集されている。芦生では標高八〇〇mを越えたブナ・ミズナラ林ではエゾゼミよりのアカエゾゼミの方が優勢だという。

コエゾゼミ〔セミ科〕

エゾゼミもいる。京都市職員労組セミガラ調査（二〇〇〇）ではエゾゼミは市北部の百井《ももい》・広河原・佐々里峠、比叡山、愛宕山に分布するとされているが、芦生でも標高七〇〇m以上のところで、「ブルルル……」と連続音で鳴く。コエゾゼミも北海道から四国まで分布し、西日本ではブナ林にいる。これも府下では大江山だけとされていたが、今井博之さんらの調査で証拠の抜け殻も採集され、芦生に生息していることは確実となった。発生期間はエゾハルゼミより遅れ、七月下旬から八月下旬であるというが、九月はじめでもよく鳴いていた。これらのセミの鳴き声はインターネットで聞くことができる。聞いていてちがいはわかるが、野外での判定は素人では難しいだろう。

クサムシ（クサギカメムシ）〔カメムシ科〕

芦生の昆虫でクサムシ（臭虫）、ヘコキムシ（屁こき虫）と呼ばれるクサギカメムシ（*Halyomorpha mista*）については述べておく必要があろう。クサギカメムシは体長一・五cm、暗褐色に黄褐色の不規則な紋のあるごく普通のカメムシである。一〇月下旬から一一月はじめにかけて、暖かい日に次々と家の中へ入ってくる。冬、ストーブを焚くと、これがまたどこからともなくでてくる。触らなければ臭くはないが、知らないで触ったり、布団の中に入ってきたりすると、強烈なにおいが充満する。

においの成分はディナール、ヘキセナールなどのアルデヒドだという。一一

クサギカメムシ〔カメムシ科〕

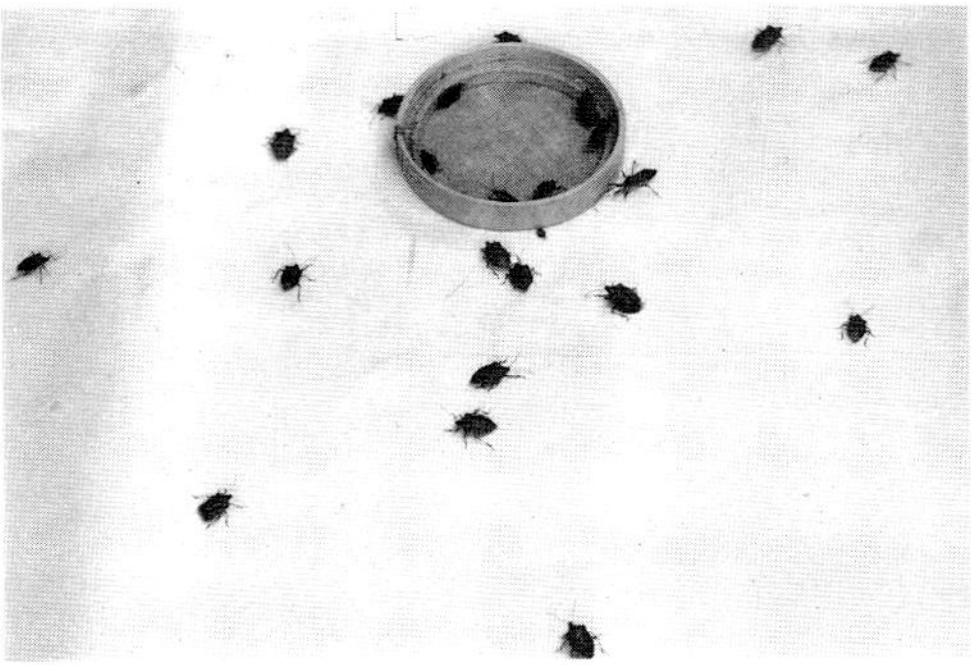

ストーブをたたくと、どこからともなくクサギカメムシが出てくる

月初めなら二〇〇～三〇〇匹集めるのはわけない。どこの家にも、ビンとカメムシをつかむためのお箸がおいてある。そして、もう一度四月下旬、冬の間、どこにいたのかと思うほどのカメムシがでてくる。お箸でつまむくらいでは間に合わず、掃除機で吸い取ることになるが、排気孔からは悪臭がでてくる。幼虫は名の通りの葉をむしると臭いクサギなどにつく。

このクサギカメムシは触らないとくさくないのだが、やや小型のアオクサカメムシやチャバネアオカメムシの方は、飛んでくるだけでくさい。

その他の昆虫

ガ（蛾）〔チョウ（鱗翅）目〕

ガ（蛾）類については鴨脚慶夫・井上宗二さんが熱心に調べられている。「京都大学芦生演習林の蛾類」（I～IV）として、これまでに、一二一二種を記録し、そのうち京都府未記録種が四一種もあったと報告している。モンキシロシャチホコ（北海道・本州中部以北、近畿以西では寒冷地）、シロフタオ（本州中部）、マエモンハイイロシロフタオ（北海道・本州中部）、キジマソトグロナミシャク（中部山岳、氷ノ山、石鎚山）、キオビハガタナミシャク（中部山地）など北方系のものや、キモンクチバ（長崎県野母崎、屋久島以南）、ニセフジロアツバ（九州南部以南）、ワタナベカレハ（九州南部、屋久島、高知、和歌山）やタッ

オオミズアオ〔ヤママユガ科〕

タカモクメシャチホコ、ナカグロクチバ、ヤクシマコブヒゲアツバ、マルバネウスグロアツバなど南方系のものなど、分布上注目されるものを採集されている。しかし、種類の多いガ類についての調査はまだ不十分だといえよう。

トンボ（蜻蛉）〔トンボ（蜻蛉）目〕

野田畑や長治谷の湿原はトンボの発生地でもある。関西トンボ談話会の谷幸三さん、その後の木村輝夫さんらの調査で、グンバイトンボ（グンバイイトトンボ）、ミヤマカワトンボ、ニシカワトンボ、オオカワトンボ、ムカシトンボ、ムカシヤンマ、ヤマサナエ、ダビドサナエ、クロサナエ、ヒラサナエ、ヒメサナエ、オジロサナエ、ミヤマサナエ、コオニヤンマ、オニヤンマ、ミルンヤンマ、ルリボシヤンマ、オオエゾトンボ、タカネトンボ、コヤマトンボ、シオカラトンボ、シオヤトンボ、オオシオカラトンボ、ショウジョウトンボ、ミヤマアカネ、アキアカネ、ウスバキトンボなどが記録されている。野田畑湿原にオオエゾトンボの多いこと、渓流沿いにミヤマカワトンボの多いことが特筆されるという。

また、上田哲行「京都府のトンボ類」『京都府の野生動物』には、この他モウトンイトトンボ、オオイトトンボ、オジロサナエ、エゾトンボ、コヤマトンボが芦生から記録されている。

グンバイトンボ、ムカシヤンマ、ルリボシヤンマ、ミヤマアカネが京都府準

ニシカワトンボ〔カワトンボ科〕（渓流ぞいによく見られる）

オニヤンマ〔オニヤンマ科〕の羽化

絶滅危惧種である。

クチナガハバチ〔膜翅（ハチ）目ハバチ科〕

ハバチ（葉蜂）とは幼虫が葉を食べるハチの中間で、捕まえても刺すことはない。クチナガハバチ（*Nipponorynchus mirabilis*）は一九四〇年に芦生で採集された雌二、雄二個体から、竹内吉蔵さんにより新種として記載されたもので、その後、福岡県英彦《ひこ》山からの記録があっただけだが、神戸大学名誉教授内藤親彦さんによれば、つい最近、栃木県で採集されたという。

体長は雌で五・五㎜、雄で五㎜、からだと触角が黒く脚は黒い基節・腿節を除き黄色の小さなハバチで、口器がきわめて特化し、著しく長いという特徴をもっている。早春に出現し、幼虫はシダ類を食べているのではないかと考えられている。しかし、その後、芦生での採集記録がない。環境省カテゴリーの希少種、京都府カテゴリーの絶滅寸前種である。

クチナガハバチ〔ハバチ科〕〈写真　内藤親彦〉

アリ類〔膜翅（ハチ）目〕

京都府下には約八〇種のアリが分布するとされるが、森下正明・小野山敬「京都府のアリ類」『京都府の野生動物』（一九七四）にはケブカツヤオオアリは大阪・箕面で記録されて以来報告がなかったが、芦生の二か所で採集したと述べ、北方系種のシワクシケアリなど分布の南限になっているとしている。このケブカツヤオオアリは現在では比較的稀なものの本州中部の丘陵地から低地にすると考えられているようだし、シワクシケアリも北海道から屋久島まで広く分布が確認されているようだ。

この森下・小野山の報告の中で芦生から記録されたものとして、オオハリアリ、ヒメハリアリ、テラニシハリアリ、メクラハリアリ（トゲズネハリアリ）、ハリブトシリアゲアリ、カドフシアリ、アミメアリ、シワクシケアリ、アシナガアリ、ヤマトアシナガアリ、アズマオオズアカアリ（アズマオオズアリ）、ヒメナガアリ、ウメマツアリ、トビイロシワアリ、シベリアカタアリ、クロヤマアリ、ハヤシクロヤマアリ、ヒゲナガアリ、エゾキイロケアリ（キイロケアリ）、クロクサアリ、クサアリモドキ、サクラアリ、クロオオアリ、ムネアカオオアリ、ケブカオオアリ（ケブカクロオオアリ）、イトウオオアリ、ケブカツヤオオアリ、ヨツボシオオアリ、ミカドオオアリなどがあげられている。

日本最大の蚊、トワダオオカ〔双翅（ハエ）目カ科〕

トワダオオカ（*Toxorhynchites towadensis*）は日本最大の緑金色・青藍色のきれいな蚊で、北海道から屋久島まで広く分布するが、生息地は限られている。雄雌とも非吸血性だというが、その大きさをみて尻込みしてしまう。樹洞にたまった水の中で生育するようで、幼虫はこの水たまりの中の昆虫類を食べている。多くはないが、芦生のブナ林にも確実にいる。

ケナガクチキバエ〔ハエ（双翅）目クチキバエ科〕

ケナガクチキバエ（*Clusiodes plumosus*）は一九六四年、京都府立大学名誉教授の笹川満廣さんにより芦生で採集された雌一個体で新種として記載され、その後、一九九〇年に雄が発見されたものである。その後、記録がないようだ。同様にクチキバエ科のヤマトクチキバエ（*Paraclusia japonica*）も芦生から新種として記載されたものだ。

ハエ（双翅）目ではこのほか、ユスリカ科のヤマヒメユスリカ（*Zavrelimyia monticola*）、タマバエ科のブナホソトガリタマバエ（*Phegomyia tokunagai*）、シマバエ科の一種、アシウシマバエ（仮称）（*Homoneura hymerophyllus*）、ハモグリバエ科のツルリンドウハモグリバエ（*Chromatomyia crawfurdiae*）とイヌツゲハモグリバエ（*Phytomyza jucunda*）がいずれも芦生で採集され、新種として記載されたものである。

オオナガハナアブ・ガロアアナアキハナアブ〔ハエ（双翅）目ハナアブ科〕

オオナガハナアブは稀な種で本州（長野・東京・静岡）、九州（大分）の数か所でしか発見されていない。良好な自然林にのみ生息する日本最大級のハナアブである。大型でスズメバチにきわめて類似し、これに擬態している。成虫は花に集まる。芦生以外の記録は三〇年以上もまえのもので、最近確認されたの

アカメガシワの花を訪れたオオナガハナアブ〔ハナアブ科〕〈写真　桂孝次郎〉

は芦生だけとされる。京都府絶滅危惧種。

ガロアアナアキハナアブの分布はロシア極東部と本州。一九一七年、日光中禅寺で発見されたがその後、記録がなく、一九九九年に芦生と岩手県で再発見されたという。京都府準絶滅危惧種。クロアシナガハナアブは四国および本州（芦生）で、ともに京都府要注目種。ニッコウクロハナアブは中部地方以北に多く、芦生が南限で京都府要注目種。ジョウザンナガハナアブも芦生で最近発見されている。

キムネハラボソツリアブ（ツリアブ科）について昆虫学会の「昆虫類多様性保護のための重要地域　第2集」によれば、芦生に分布するとされるが、京都府レッドデータブックには記述がない。

ヒメヤブキリモドキとハダカササキリモドキ
〔直翅（バッタ）目ササキリモドキ科〕

ヒメヤブキリモドキの分布は本州中北部（青森から京都で芦生が西限）、一方、ハダカササキリモドキは本州・四国に分布し、芦生が東限とされるが、伊藤ふくおさんによれば、これはヒトコブササキクモドキとされるという。ホンシュウフタエササキリモドキは大江山が基産地であるが、本州（福井、近畿北部、中国地方）に分布、京都では大江山のほか、芦生、大見の記録があるようだ。いずれも小型のキリギリスの仲間である。

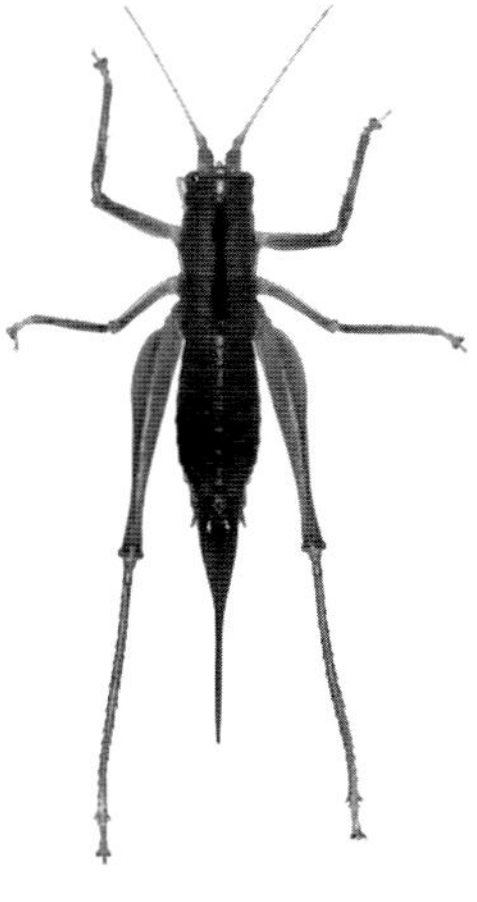

ホンシュウフタエササキリモドキ（ササキリモドキ科）
〈写真　伊藤ふくお『バッタ・コオロギ・キリギリス大図鑑』北海道大学出版会二〇〇七〉

芦生で発見された昆虫の新種

すでに述べたカミキリムシ科のフトキクスイモドキカミキリ、シラユキヒメハナカミキリ（ウスヨコモンヒメハナカミキリ）、コメツキムシ科のアシウアカコメツキ、タンバクロコメツキ、ヒゲナガクロコメツキ、ミズノクロコメツキ、オトメアカコメツキ、ベッピンアカコメツキ、オオアカアシアカコメツキ、ホソアカツヤコメツキ、スオウホソコガネコメツキ、フタキボシカネコメツキ、ヌバタマコメツキ、オトメアカコメツキのほか、ベニボタル科のツヤバネベニボタル（*Calochromus rubrovestitus*）は一九五一年六月、岸井尚さんによって芦生で採集され、一九五五年に中根猛彦・大林延夫さんによって新種として記載されたものである。

ホタル科のスジグロボタル近畿亜種（*Pristolycus sagulatus adachii*）は一九八三年七月、兵庫県ハチ北高原で採集されたものをホロタイプ、一九七八年七月、正木清さんによって芦生で採集されたものなどをパラタイプとして佐藤正孝さんにより新亜種として記載されたものである。ジュウカイボン科のキビボソジョウカイの一種（*Podabrus shiraisana*）は岐阜県白沢のものをホロタイプ、一九八七年五月に芳賀馨さんによって芦生で採集されたものをパラタイプとして、マツナガジョウカイ（*Athemus matsunagai*）は広島県で採集されたものをホロタ

ツヤバネベニボタル〔ベニボタル科〕
（Nakane, T. & K, Ohbayashi 1955）

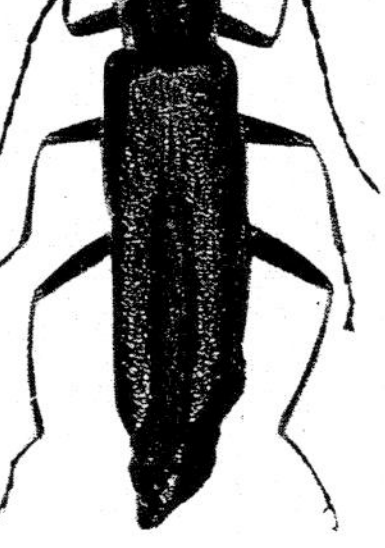

キビボソジョウカイ〔ジョウカイボン科〕の１種
は芦生も基産地の一つだ

イプ、一九九一年六月、正木清さんによって、芦生で採取されたものをパラタイプとして新種として記載されたもの。ハナノミ科のヒラサンヒメハナノミ（*Falsomerdellistena hirasana*）は滋賀県比良山で採集されたものをホロタイプ、一九七〇年七月に芦生で畑山健一郎さん、一九九二年七月、初宿成彦さんによって採集されたものをパラタイプとして、初宿成彦さんによって新種として記載されたものである。

ツツキノコムシ科のケナガツツキノコムシ（*Nipponocis longiosetosus*）は京都・貴船のものをホロタイプ、一九五二年四月、芦生で野淵輝さんによって採集されたものをパラタイプとして、またケマダラナガツツキノコムシ（*N. magnus*）は一九五一年五月、芦生で野淵輝・岸井尚さんによって採集されたものをホロタイプ・パラタイプとして、一九五五年に新種として記載されたもの、アシュウ（アシウ）ナガツツキノコムシ（*Nipponocis ashuensis*）は一九五一年五月野淵輝さんによって、さらに一九五一年六、七月に岸井尚さんによって採集されたものが、一九五九年に新種記載されたものだ。ケマダラナガツツキノコムシ・アシュウナガツツキノコムシともに、まだ芦生以外からは記録がないようだ。*

鞘翅目（甲虫）以外では膜翅（ハチ）目ハバチ科のクチナガハバチ（*Nipponorynchus mirabilis*）、双翅（ハエ）目クチキバエ科のケナガクチキバエ（*Clusiodes plumosus*）とヤマトクチキバエ（*Paraclusia japonica*）、ユスリカ科のヤマヒメユスリカ（*Zavrelimyia monticola*）、タマバエ科のブナホソトガリタマバエ

*二〇一一年にはホソカタムシ科のオカダユミセスジホソカタムシ（*Lascorotus okadai*）が芦生のものをパラタイプとして新種記載された。

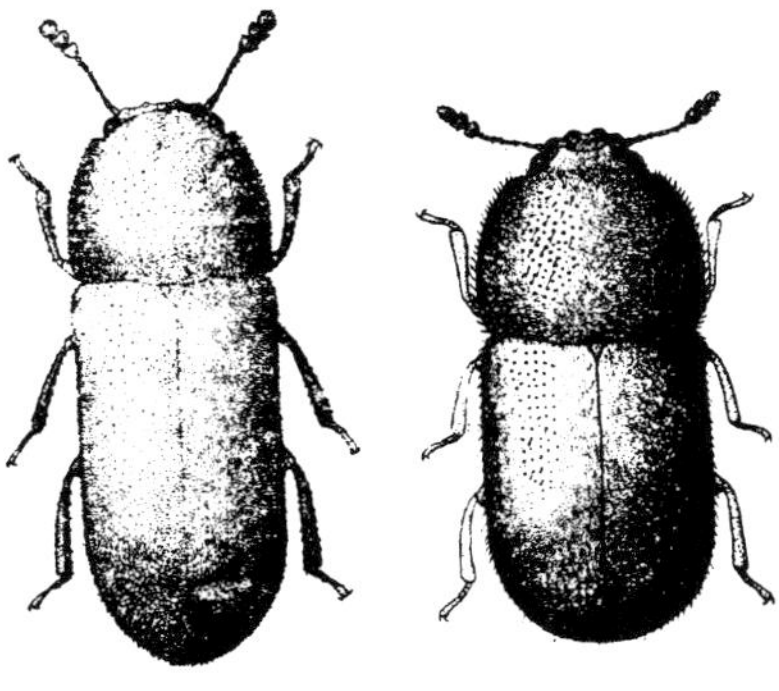
ケマダラナガツツキノコムシ（左）とアシュウ（アシウ）ナガツツキノコムシ（右）〔ツツキノコムシ科〕（Nobuchi, A. 1955, 1959）

(*Phegomyia tokunagai*)、シマバエ科の一種アシウシマバエ(仮称)(*Homoneura hymerophyllus*)、ハモグリバエ科のツルリンドウハモグリバエ(*Chromatomyia crawfurdiae*)、イヌツゲハモグリバエ(*Phytomyza jucunda*)が、いずれも芦生で採集され、新種として記載されたものである。

昆虫類はきわめて種類も多く、小さいものなどでは研究者も少なく、同定は簡単ではない。甲虫でも、たくさんの種類のあるアリヅカムシ、ゾウムシ、ハネカクシなどについてはほとんどわかっていない。大石久志さんによれば現在、芦生から記録されている甲虫は約七〇〇種であるが、調査が進めばその三倍になるだろうと推測されている。まだ多くの新種が発見できると期待されている場所である。すでに記載されているものでも、遺漏があるかも知れない。ぜひお教えいただきたいことだ。

レッドデータブック

環境省の『レッドデータブック』のカテゴリーでは、絶滅（EX）、野生での絶滅（EW）、絶滅危惧Ⅰ類（CR+EN）「絶滅の危機に瀕している種」、Ⅱ類（VN）「絶滅の危機が増大している種」、準絶滅危惧種（NT）「存続基盤が脆弱な種」、情報不足（DD）「評価するだけの情報が不足している種」のカテゴリーがあるが、全国的にみれば広く分布している種でも、たとえば京都ではたった一か所しか分布しないといった場合、地域個体群を保護するためにも、地域独自に絶滅危惧種として、その保護が必要である。

『京都府レッドデータブック』でも、このため、

絶滅種：京都府内ではすでに絶滅したと考えられる種
絶滅寸前種：絶滅の危機に瀕している種
絶滅危惧種：絶滅の危機が増大している種
準絶滅危惧種：存続基盤が脆弱な種
要注目種：生息・生育状況について、今後の動向を注目すべき種および情報が不足している種
要注目外来種：生態系にとくに悪影響を及ぼしていると考えられる種で、こんごの動向を注目すべき外来種

に区分し、『京都府レッドデータブック　上下（野生生物編）』（二〇〇二）を公表している。これによると掲載された野生動植物種（亜種、変種を含む）は動物七二二種、植物八〇二種、菌類七二種の計一、五九六

種であるが、そのカテゴリーは絶滅種一〇〇種、絶滅寸前種三九三種、絶滅危惧種四一五種、準絶滅危惧種三五三種、要注目種三三五種となっている。

京都府下では芦生だけに分布が確認されていたものの、その後、記録されず、絶滅したと考えられる絶滅種はクロマルクビゴミムシ、ルリカミキリモドキ、ニセハムシハナカミキリ、ブチヒゲハナカミキリ、アサカミキリの五種。

絶滅寸前種は哺乳類ではミズラモグラ、クロホオヒゲコウモリ、キクガシラコウモリ、コテングコウモリ、ニホンツキノワグマ（ツキノワグマ）、鳥類ではミゾゴイ、イヌワシ、コノハズク、ブッポウソウ、昆虫類ではアキオサムシ、マグソクワガタ、ヒメオオクワガタ、シラホシダエンマルトゲムシ、ヘリアカカネコメツキ、ヒゲナガクロコメツキ、ナルカワナガクシコメツキ、マルヒラタケシキスイ、ムクゲネスイ、ハネビロネスイ、クロジュウニホシテントウ、クロヘリメツブテントウ、ヒメカツオガタナガクチキムシ、ヒゲブトナガクチキムシ、オオダイマグソコガネダマシ、コモンキノコゴミムシダマシ、ヒサゴゴミムシダマシ、セコブナガキマワリ、フタスジカタビロハナカミキリ、シコクヒメコブハナカミキリ、オオトラカミキリ、エゾトラカミキリ、クチナガハバチなど二三種、コケ類が一四種、シダ植物が三種、種子植物ではエンコウソウ（リュウキンカ）、サイインシロカネソウ（ソコベニシロカネソウ）、モミジカラマツ、ヤシャビシャク、ミツモトソウ、チョウジギク（クマギク）、ヒメシャガ、ミヤマネズミガヤ（コシノネズミガヤ）、ヒメザゼンソウ、タヌキラン、ヌマハリイ（オオヌマハリイ）、サルメンエビネ、クマガイソウ、ミズチドリがあげられている。

絶滅危惧種になれば、芦生だけでも哺乳類ではホンドモモンガとヤマネの二種、鳥類ではジュウイチ、オオコノハズクなど二一種、両生・爬虫類二種、魚類二種、昆虫類一九種、コケ類一七種、シダ類三種、種子植物二一種。

準絶滅危惧種になれば、哺乳類五種、鳥類一九種、両生・爬虫類一種、昆虫類八種、コケ植物九種、シダ植物一種、種子植物三六種がリストアップできる。

少なくとも芦生には動物では絶滅種五種、絶滅寸前種六三種、絶滅危惧種八七種、準絶滅危惧種七八種、総計二三〇種以上になる。芦生が生物相の宝庫、生物のホットスポットということがわかっていただけよう。芦生でコノハズク、ジュウイチ、ヨタカ、アカショウビン、アオバト、トラツグミの声は簡単に聞け、ショウキラン、サルメンエビネをみることも難しくないし、ミズメ（ヨグソミネバリ）はパイオニア植物で林道沿いにはごく普通にあるのに、これらが京都府の絶滅寸前種・危惧種なのである。全国的にもきわめて珍しいものはもちろん、京都府下では芦生にしかいない、芦生にしか分布しないものがたくさんあるということだ。

これら絶縁寸前種・危惧種に対する必要な保護策として、開発・森林伐採の禁止、現状の保護がどの種にも指摘されている。示された保護対策に従い、絶滅寸前・危惧種を早く救いたい。

芦生原生林の保護と今後

本書の目的が芦生原生林の生物相の豊かさ、多様さの紹介とその保護の必要性の強調であったように、この原生林から多くの新種が記載され、また『京都府レッドデータブック』（二〇〇二）に記載されているように、京都府でもここ芦生だけに生息・分布する動物・植物は多い。それらは絶滅寸前種、絶滅危惧種、準絶滅危惧種、さらには要注目種にランクされている。残念ながら芦生にしかいなかったもので、その後確認されず絶滅種とされたものが、クロマルクビゴミムシ、ルリカミキリモドキ、ニセハムシハナカミキリ、ブチヒゲハナカミキリ、アサカミキリの五種もある。しかし、これもこの広い原生林の中で生き延びているようにも思っている。

『京都府レッドデータブック』でも絶滅寸前種・危惧種に対する保護策として、開発・森林伐採の禁止、現状の保護が強く指摘されている。一般には芦生研究林は京都大学の所有・施設、入林には許可が必要なほどなのだから、きびしく保護されていると思われているが、「まえがき」に述べたように、この土地は元の知井村九ヶ字の共有林であり、一九二一（大正一〇）年から九十九年間の地上権設定契約地・借地である。永久とも思えた九九年の期限の二〇二〇年がまもなく来る。

契約事項に「地上権設定終了時までに、伐採し造林して返却する」とあるように、京都大学も演習林には財産林としての意味をもたせていたし、大きな面積を貸した地元地上権者も契約による大きな利益を期待していた。戦争、その後の復興による大きな木材需要、そして経済不況・木材価格の下落といった社会経済条件下で、伐採が進められ、また停滞した。

一方で、朝日新聞社・森林文化協会による「日本の自然一〇〇選」に選ばれ、日本昆虫学会の「昆虫類の多様性保護のための重要地域」の一つに指定され、さらには『京都府レッドデータブック』では「地域生態系保存地域」の一つに指定されている。ここに関西電力の揚水式ダム計画が浮上したとき、日本生態学会は自然保護・生態系保護の立場から何度も反対声明をだした。芦生原生林の自然・生態系の保護の大切さは学会では十分に認められている。

ダム建設計画は白紙撤回されたが、その一方において過疎化の進む地元への地域貢献として芦生山の家、美山町文化村による芦生原生林ツアーに研修を受けさせたガイドとの入林を認めた。大手旅行業者とのタイアップの上、四季を通じ原生林ツアーが催され、新聞にもその企画が掲載されている。きわめて好評のようで、多くの方がこのバスツアーを利用して最深部の上谷、枕谷、あるいはブナノキ峠などを歩かれている。芦生へ多くの方が来られることで、地元にもある程度の貢献をしているといえよう。

多くの方に芦生原生林の存在を知っていただくこと、その自然のすばらしさを体験していただくことが、この芦生原生林保護を理解いただくためにも有効であることはまちがいない。私の拙著『京都の秘境　芦生』も、一部には批判を受けたが、結果的には、この自然・森林の存在を知らせることには貢献したと思っている。

しかし、上谷を歩いていても、大人数のグループが次々と下りて来る。原生林としてはコアーの地域だ。すでにオーバーユース（過剰利用）の影響がでているといっていい。コアーの部分への入林を禁止する、人数を制限するといったことも必要な時代にきているように思える。

京都大学としては地代としてかなりの金額を払っているはずだ。この金額が多いか少ないかの判断は難しいが、文部科学省が認可した金額である。伐採の行われない現在、収入はまったくない。伐採による収入があった場合、その純益を折半する契約であるから、収入がなければ、土地所有者へは一銭も渡らない。大面積の森林を貸してあるのに、一銭も入らないでは地元にも不満があろう。それも高度経済成長時には伐採により大きな収入をあげ、地元にも大きな金額が渡っていた経過がある。

芦生原生林の自然を紹介し、その保護を訴えるとき、この芦生原生林の過去と現在おかれている現状、事情を知っていただかないと、次の話へ進まない。「伐るな、残せ」だけでは問題は解決しないのである。京都大学も、林学の教育・実習施設としての農学部付属演習林から、人と自然の共存に資する新たな科学を創造することを目的に、フィールド科学教育研究センターに組織換えし、芦生研究林をその拠点のひとつにしようとしている。芦生原生林にとって明るい展望が開けてきたと思う。今後の芦生研究林の管理・運営をどうするのかそのマスタープランを早く提示していただきたい。とくに、多様な研究が行われている研究林として、もっと積極的に研究の成果を一般の方々に説明して欲しい。

地元・土地所有者には、この芦生原生林の自然の大切さを素直に認識していただき、自然のためにも、また地元にためにもなる管理・運営を京都大学と十分意見を交換していただきたい。

由良川源流にすばらしい原生林・渓谷が残されている。それが残されることで、研究の発展と過疎化が進む地元の振興にきっと結びつくはずである。

Ⅵ 自然観察コース案内

研究林内のルートごとのくわしい案内は、美山町自然文化村『芦生の森はワンダーランド』、芦生の自然を守り生かす会（編）『関西の秘境　芦生の森から』、草川啓三『芦生の森を歩く』、朽木からの登山ガイドには、山本武人『比良・朽木の山を歩く』などにある。また、由良川源流遡行など、登山のためのガイドブックには、少し古いものの森本次男『京都北山と丹波高原』、住友山岳会『近畿の山と谷』、金久昌業『京都北山』、最近では、北山クラブ『京都北山百山』、内田嘉弘『京都丹波の山』、広谷良韶『深山・芦生・越美　低山趣味』などがある。

また、巻末（一六四頁）に掲載したように、芦生のことが書かれている参考書がきわめてたくさんあることがわかっていただけよう。芦生のことを知る参考になるはずである。

芦生研究林の概要で説明したように、地形は複雑で、とくに谷部は断崖・絶壁、滝が多い。「変化する植生」のところでも述べたように、雨のあと急に増水し、渡渉できなくなる。また、冬は数メートルにも及ぶ積雪がある。自然観察のルールを守ると同時に、山歩きの準備は十分にしていただきたい。実際、この研究林では職員の遭難死事件が二度も起こっているし、本流の七瀬〜岩谷間などでの登山者の滑落・転落事故もよく起きている。

なお、現在、滋賀県高島市朽木を経ての地蔵峠からの入林は禁止されている。

＊前頁の写真「上谷の大栃」

冬の長治谷

由良川本流遡行コース（芦生〜灰野〜七瀬〜中山）

研究林事務所、斧蛇館《おのじゃ》（資料館）から、由良川の軌道橋を渡り、一九二八（昭和三）年に開通した森林軌道沿いに歩く通称トロッコ道コース、由良川の清流を眺めながら枕木を歩く平坦なコースである。北欧風ともいわれる研究林事務所のまえにはドイツトウヒが並んでいるし、構内には台湾原産のランダイスギ（コウヨウザン・広葉杉）がある。レールは七瀬まで敷かれているが、保線が十分でなく現在では赤崎までしか利用されていない。今でも、小さなエンジンの着いた機関車が一〜二両の無蓋車をひっぱって、物資を運んでいる。

由良川軌道橋を渡ると、すぐに由良川最上流の一軒家の井栗にさしかかる。春、この水田のまわりの樹木にはもちろん、畔にもたくさんのモリアオガエルの卵塊が産みつけられ、代かきし水を張った田んぼの中に、タヌキの足跡がついている。川向いに大きな谷が開いているが、ブナノキ峠から流れでる小野子谷である。中で東谷と西谷に分かれるが、この東谷に研究林内で一番大きな滝がある。線路沿いにはオニグルミ、フサザクラ、ヤマグルマ、サワグルミ、ケケンポナシ、チドリノキ、アワブキが多い。チドリノキはプロペラのような実がつけばカエデの仲間とわかるが、実がないとカバノキ科のサワシバかと思ってしまう。

カジカガエル（河鹿）〔アオガエル科〕

ケケンポナシ〔クロウメモドキ科〕の果実
（落葉のあと、地面に落ちた果実の着いた枝の肥厚したところはちょっと渋みもあるものの甘く、食べられる）

川に降りてみれば、どこでもヒョロヒョロヒョロというカジカガエル（河鹿）独特の鳴き声が聞こえてこよう。水面にでた石の上にいるが、石そっくりの色をしているので、どこで鳴いているのかわからない。そっと近づいても、すぐに水の中に飛び込んでしまう。それでも、ちょっと待てばすぐに、石の上に戻ってくる。「河鹿鳴く」は清流の代名詞だが、カジカガエルは最上流の長治谷付近まで生息している。美山町では保護条例でカジカガエルの保護を定めていた。これは合併後の南丹市でも引き継がれているのであろう。

廃村になった灰野には小さな祠《ほこら》があり、ここに大きなトチノキとヒバ（アスナロ）がある。祠のまわりにツバキがあるが、この付近と芦生権現だけなのでユキツバキでなく、移植されたツバキなのであろう。往時、ここに六軒といわれる集落があった。はじめて行った一九六一年にはまだあった。私が赴任した当時（一九六六年）には、もう廃村になっていた。畑にはカボチャやアズキが植えられており、人気はないものの家屋があり、柿がたくさんついていたし、祠にはいつもお供えがあった。しかし、廃屋の消滅はあっという間で、現在では石垣だけが残り、水田・畑あとにはスギが植えられている。佐々里峠からの道がここに下りてきている。廃村になった灰野の歴史を書いた案内板が立っている。

灰野を過ぎると軌道は岩を削った断崖の上を走る。切り取った岩にイワナシ、イワウチワ（トクワカソウ）がたくさんくっつき、崖の上にはシャクナゲ、ヒカゲツツジがある。赤く派手なシャクナゲのそばで、薄い黄色い花を目立たな

ヒカゲツツジ〔ツツジ科〕

イワウチワ（トクワカソウ）〔イワウメ科〕

く咲かせるヒカゲツツジは好きだ。軌道の横にカラマツやキハダが植えられている。キハダは黄檗《おうばく》とも呼ばれ、陀羅尼輔《だらにすけ》の原料である。赤崎作業所跡をすぎると軌道は大きくカーブして赤崎東谷・西谷をまたぐ。ヤツガタケトウヒ、カラマツなどの見本林を過ぎ、大きなイチョウとメタセコイアがでてくると小ヨモギである。ここにはかって大きな苗畑があり、その中に東屋が立てられていたが、現在ではケヤキが密に植えられて、その横にメタセコイアが並んでいる。一九五四〜六〇年に植えられたものだ。

　作業所跡にメタセコイアがあるが、果実はリス、あるいはムササビに齧られ、芯だけが残ったいわゆる「エビのしっぽ」となってたくさん落ちている。

　軌道は由良川のすぐ横を走っているのだが、下は絶壁で、川面はずっと離れてしまうが、ところどころで軌道のそばに大きなトチノキやウラジロガシがでてくる。春、早くなら、河岸の湿った岩の上にエンコウソウ（リュウキンカ）が濃い黄色い花を咲かせている。小ヨモギとカズラ作業所との間に保存木のヒバ（アスナロ）がある。まもなく、軌道の終点七瀬である。芦生からゆっくり観察してここまで半日のコースである。

　七瀬では対岸に渡渉する。七瀬作業所跡の石垣が残っている。これから奥には適当なキャンプ地はないので、この河原がキャンプ地として使われていた。七瀬から奥、中山までの約九kmはほぼ由良川源流の右岸に沿って歩くことになる。以前は学生実習で通ったほどで、草刈りをし、丸木橋を直し、危ないとこ

メタセコイア〔スギ科〕の球果のエビのしっぽ

エンコウソウ〔キンポウゲ科〕

ろにはロープやワイヤーが張られていたが、現在は手入れをしていないし、保線も十分でなく、軌道橋、枕木も腐っていて危険なので、研究林では赤崎より奥へ入ることを禁止している。

芦生〜内杉谷〜下谷コース
(芦生〜幽仙橋〜ケヤキ峠〜下谷〜中山)

以前は長治谷まで歩道があったが、林道の開設によって消えたので林道に沿って歩く。内杉谷に入ってすぐの砂防堰堤から上はゆるやかで、運がよければヤマセミが見られる。林道脇の土壁にあけた丸い穴の巣があった。春早く、コゴミと呼ばれるクサソテツの新葉が展開するころ、この付近にギフチョウが飛ぶ。

落合橋を右にとり、研究林のゲートをくぐると、大きなメタセコイアの並木が出てくる。これも一九五四〜六〇年の植栽である。これを過ぎると、保存木に指定されているマメ科のユクノキ（ミヤマフジキ）、ついでカエデ科のメグスリノキがでてくる。チドリノキと同様、実がつかないとカエデの仲間と判断しにくいものだ。研究林ではこのユクノキ、メグスリノキなど一二種、一七本を保存木、トチノキ平・宮の森など一〇か所を保存林と指定している。

幽仙橋を渡ると、林道は急に登り始める。対岸の植生がみられるが、ほとんどがスギ林に転換されている。そのスギが集団で枯れているのが観察できよう。ツ

クサソテツ（コゴミ）〔ウラボシ科〕
(代表的な山菜の一つ、くせがなくどんな料理にもあう)

キノワグマによる剝皮害を受けたところである。クマがいる証拠でもある。林道の壁から水が流れだしている。小さな谷の伏流水だ。みんなここで一服する。

林道は何度も大きくカーブしながらケヤキ坂に差し掛かる。大きなケヤキが出てくる。保存木のケヤキである。トチノキのある最後の坂を登るとケヤキ峠で、林道は杉尾線、八宙線と下谷線の三方に分かれる。緩やかな下りの下谷へ入る。ケヤキ荘（作業所）までのオオノ谷の尾根側にはモリンダトウヒなど外国産樹種が植えられている。以前はケヤキ荘から下谷の川底を歩いた。弥生橋、晴天橋の下には林道からは見えないが、ここに三段のノリコの滝がある。はっきりした由来は知らないのだが、戦後のこと、ある学生が恋人の名をつけ、その名を書いた立て札を立ててあったという。滝があるようにここは絶壁だ。それだけに対岸からみるシャクナゲは見事であったが、数年まえの台風で、シャクナゲがヤマグルマとともに崩落したのは残念だ。往時のすばらしさを知っている人にとってはちょっとがっかりする景観になっている。大きなブナの中を下っていくと、トチノキ平だ。

トチノキ平

下谷の支流水谷と四ノ谷の間の、トチノキの巨木の集まったところである。歩道はこの中を通っていた。秋になると栃餅をつくるため、この栃の実を拾いに来ている。芦生の蜂蜜（栃蜜）もトチノキの花が対象だ。トチノキの花が咲

トチノキ平

くのは六月上旬だ。ソフトクリームのカップを逆さにしたような花がたくさんつく。みていても、ミツバチがたくさん来ているのがわかる。トチノキを輪切りにしてつくった鉢は蕎麦のこね鉢として最高のものだというし、栃餅づくり、蜂蜜の蜜源としても有用であった。

それだけにトチノキはどこでも大切に残されてきたのである。「栃植える馬鹿、栃伐る馬鹿」ということわざがある。植えても実がつくまで長い年月のかかること、その木を伐るなというういましめである。ずっと以前のことだが、都会育ちの若者たちが、トチの実を拾って、「ここの栗は先が尖っていない」といっていた。シカがトチの実を丸呑みしていたことは「けもの」のところで述べた。三の谷の保存林にも大きなトチノキとスギがある。下谷沿いの少し広い草地にはシカが食べないバイケイソウが急に拡大している。

下谷の大カツラ

このカツラは直径三四〇cm、樹高三八・五m、樹冠幅は三〇・五m×二五・五mとされている。カツラは根元から萌芽がでてこれが伸び、次第に親木に融合して肥大するので、大きさの割には年齢は若いはずである。現在、このカツラにはキンキマメザクラ、ヤマザクラ、ヤマグルマ、ミズキ、サビバナナカマド、オシダなど一五種の植物が着生している。四ノ谷と三ノ谷のスギ林の中にも大きなカツラがあるが、大きさではこの方が大きいのかも知れない。カツラは落

バイケイソウ〔ユリ科〕

下谷の大カツラ

葉がかすかに芳香をもつ。醤油せんべいのにおいだといっていたが、案外、この表現が当たっている。

中山〜枕谷〜三国峠コース
（中山〜長治谷〜中山神社〜枕谷〜三国峠）

下谷と上谷の合流点、中山から長治谷はすぐだ。上谷と下谷の合流点がみえないので、いつのまにか流れが逆流していると錯覚する人もいる。長治谷の手前に北海道産のヤチダモ林があるし、林道に沿ってはウルシが植えられている。この付近にはマルバフユイチゴが多い。フユイチゴが名のとおり、冬に赤い実をつけるのに、このマルバフユイチゴは真夏にフユイチゴより大きなルビーのような実をつける。秋にはこの付近にたくさんあるアケボノソウの花が咲く。

長治谷はキャンプ指定地とされ、また広い芝生地があるが、ここに三国倶楽部とか長治谷作業所（小屋）と呼ばれた北欧風の大きな学生実習用の宿舎があった。この小屋ができたのは一九三五（昭和一〇）年、もちろん林道もない時代に、製材所を立て、資材を芦生から担ぎあげて建てたのである。

芝生のまわりにあるのが、ヒメコマユミと呼ばれたコバマユミ・コマユミであるが、シカの繰り返しての喫食で球形に刈り込まれている。紅葉はきれいなものである。ここにも小さな湿原がある。

アケボノソウ〔リンドウ科〕

マルバフユイチゴ〔バラ科〕

長治谷湿原

この湿原もかなりの攪乱を受けてきたことは確かだろう。ここで水稲栽培を試みたとか、池を作ってニジマスを飼ったことがあるとも聞いている。実際、早春など湿原全体がよく見えるとき、畔で何枚かの田んぼに分かれているようにもみえる。ここにはかって遠くから見ると、ピンクにみえるほど、たくさんのトキソウがあったが、いまではほとんどなくなっている。北海道から移植のミズバショウがある。

長治谷を過ぎてすぐのところに中国原産のイヌカラマツ林がある。カラマツと一見似ているが、感じがちがうであろう。

林道終点で、丸木橋を渡ると、中山神社である。まわりを大きなスギが囲み、神社脇にアスナロがある。中山神社保存林である。スギ林を過ぎると、滋賀県境の地蔵峠への道と、枕谷への道にわかれる。道標がある。地蔵峠まではすぐである。扇谷から来る林道は地蔵峠から生杉《おいすぎ》（高島市）へ通じている。

枕谷に入ると大きなトチノキがあり、すぐに浅い渓流を右へ左へと渡渉する。ところどころの淵にはたくさんのタカハヤが群れている。小石を投げてもとびついてくる。底にたまった落ち葉の中にはカジカが潜んでいるが、姿はみえないだろう。近づく足音でイワナやヤマメはさっと姿を消す。谷沿いにはサワフタギが文字どおり沢を塞ぐ。秋のるり色の実はきれいなものである。以前、こ

トキソウ〔ラン科〕

こにはたくさんのアシウアザミがあったのだが、すべてシカに食べられてしまった。この付近にはアシウテンナンショウも多い。

緩やかな谷筋には雪解けあとにはたくさんのニリンソウが咲いている。この時期、渓流の淵にハコネサンショウウオかヒダサンショウウオのものか、空色の半月形の卵のうがあるし、孵化したばかりの幼体がみられる。

二股に分かれた谷を右にとり、すぐに登りにかかる。ここにも大きなブナがあり、ナツツバキがある。三国峠への登りは大きさの揃ったミズナラ・コナラである。これも土壌条件などでなく、製炭のための伐採など大きな人為の影響のあった証拠であろう。歩道脇はイワウチワ（トクワカソウ）、場所によってはオオイワカガミが覆う。アカマツのはえた尾根を上り詰めると三国峠山頂（七七六m）で、ズミ（コナシ）がある。

三国峠山頂もまわりの樹木が大きくなり、展望が少し悪くなったが、林内最高峰の三国岳、蓬莱山・武奈ヶ岳など比良連峰、百里ヶ岳、琵琶湖、伊吹山が見える。

三国峠

三国峠山頂付近の尾根は明るく、乾燥しているためかアカマツが多く、ヤマヤナギ（ダイセンヤナギ）、レンゲツツジ、ウラジロレンゲツツジ、アカモノなど、芦生研究林ではこの周辺にだけ分布するものがある。ヤナギ類は種類も多

アカモノ〔ツツジ科〕

ニリンソウ〔キンポウゲ科〕

く、区別するのはたいへんだが、多くは川沿いや湿地にはえるのに、サイコクキツネヤナギやヤマヤナギ（ダイセンヤナギ）は山頂など乾燥地にはえる。ヤマヤナギは丘陵から山地にかけての日当たりのいいところへ生える低木または小高木で、本州西部・四国・九州に分布するが、北限は芦生と和歌山県だとされている。ダイセンヤナギとは伯耆大山にちなむものだ。葉は丸く表は光沢があり、裏は白い。

アカモノは地表を這うツツジ科の樹木、がくが花後、肥大し、上むけに赤い直径六mmの偽果をつける。味のあるものではないが、食べられる。少し離れた野田畑谷と上谷を分ける尾根にはウラジロハナヒリノキ〔ツツジ科〕がある。

長治谷～杉尾峠コース
（長治谷～上谷～杉尾峠）

長治谷の先で丸木橋を渡らず、左へスギ林の中へ進む。カジカガエルの鳴き声が聞えるのもこのあたりまでである。この付近、研究林の中ではもっとも古いスギの造林地であるが、その根元をみれば、異常に膨れていたり、一部が剝皮されていることに気づかれよう。繰り返し熊剝ぎの被害を受けたところである。サワ谷の少し傾斜した橋を渡ると、野田畑湿原である。

ウラジロハナヒリノキ〔ツツジ科〕

ヤマヤナギ（ダイセンヤナギ）〔ヤナギ科〕
（三国峠山頂付近に分布）

野田畑湿原

すでに述べたように、ここは木地師の住んでいたところで、大きなクロマツがあり、スモモは二〇本以上もあり、春、満開時にはこの野田畑がまっ白くなった。秋、スモモを採りに行くと、先にクマが登って枝を折っていた。この湿原には以前は木道が通っていたのだが、補修が追いつかず、右岸を通る歩道に切り替えられたのだが、この登りは結構きつい。六haとされるこの湿原は以前はショウブで埋め尽くされ、小さな水溜りをミゾソバ、ガマ、ミゾハギ、ミズチドリ、オオバノトンボソウ、サワヒヨドリ、ヒメシダなどが囲んでいた。とくに夏にはボンバナ（盆花）と呼ばれるミソハギがきれいであったし、水溜りのまわりのネコヤナギ、オノエヤナギにはモリアオガエルの卵塊がぶら下がったのだが、次第に陸化し、上流側にはシカが食べないイ（イグサ・トウシンソウ）、下流側からはススキが拡大していたが、近年はシカの食害によりススキもなくなり、上流側はイグサ、下流側はオオバアサガラとイヌワラビになっている。シカの侵入を防止しての植生の回復試験の柵が設けられている。

野田畑谷入り口は平坦で、ここにはたくさんのオニグルミ、サワグルミがある。硬いオニグルミの実は簡単には割れない。落ちている実を拾ってみると、両側が齧られ、穴があいている。アカネズミの仕業である。山沿いに一列に大きなカラマツが並んでいる。このカラマツの根元にもクマが齧ったあとが残っている。五月中旬～六月上旬なら、この付近にたくさんのウスバシロチョウが

オニグルミ〔クルミ科〕の実をアカネズミが齧った痕

ミズチドリ〔ラン科〕

飛んでいる。弱い飛び方ですぐに近くに止まるので、手で捕ることもできるほどだ。

研究林内でもっとも緩やかな谷、また大きなブナノキ、トチノキのあるところ、おまけに最源流とあって、一番の人気コース、いつもいくつもの団体が歩いている。浅い渓流をあちらに跳び、こちらに跳びと、渡渉するのも楽しい。大きなトチノキの横を通る。歩道脇にギンリョウソウ、ショウキラン、ツチアケビ、オニノヤガラ、アシウテンナンショウ、ハシリドコロ、サンヨウブシ（トリカブト）、エンレイソウなどがでてくる。

枡上谷《ますかみ》入り口近くに上の池、岩谷を過ぎたところに下の池と呼ばれる小さな池があるが、五月中旬～六月上旬には池のまわりにたくさんのモリアオガエルの卵塊がぶら下がる。まわりのトチノキの見上げるような高いところにも産みつけられる。しかし、池にはたくさんのイモリが集まっている。

由良川の最初の一滴は岩からポトンと落ちるものではなく、地面からしみだしてくるものだ。モンドリ谷を過ぎ、杉尾峠へかかるところである。日照りが続くと、このしみだし地点は後退する。あるテレビ局が由良川最初の一滴を撮影にきたが、地面にしみだしてくるものだと知って、画にならないと近くの岩から落ちる一滴を映していったそうだ。登りきると杉尾峠（七四四ｍ）である。ここでも研究林側がブナ・スギの原生林であるのに、境界を越えた福井県側は若いスギ林であることがわかる。ここから若狭湾・青葉山などがみえる。

上谷の大栃

ケヤキ峠〜ブナノキ峠コース
（ケヤキ峠〜ブナノキ峠〜傘峠〜八宙山）

ケヤキ峠から林道を通らず、作業道を通って、ブナノキ峠へ向かう。大きなブナのあるいい尾根歩きができる。尾根まで登ってしまえば、大きな起伏はなくゆっくり観察しながら歩ける。ブナの幹に、それも手の届くところへヤシャビシャクがついている。これも京都府絶滅寸前種だ。ブナ・ミズナラの樹冠にたくさんのヤドリギがついている。秋、実がつくと、これにキレンジャク・ヒレンジャクが集団でやってくる。枯れたブナノキにはたくさんの大きなツキヨタケやサルノコシカケがついている。

ブナノキ峠山頂（九三九m）からの展望は残念ながらよくない。標高八九二mの瘤《こぶ》まで一度戻り尾根通りを傘《からかさ》峠（九三五m）、八宙《はっちゅう》山（八七四m）へ向かう。ブナノキ峠までの歩道はしっかりしているが、傘峠、八宙山への尾根道は霧がでたときなどは注意を要する。ここも人の来ない静かなところで、聴きなれないエゾハルゼミ、エゾゼミ、コエゾゼミ、アカエゾゼミを聞くことができる。

倒木にたくさんのツル植物がからんでいて、手にとって観察できる。ツルアジアイとイワガラミ、マタタビとサルナシ（コクワ・シラクチヅル）などが、

ツキヨタケ

マタタビ〔マタタビ科〕
(虫えいの果実を果実酒にする。果実はネコが好む。)

はっきり区別できるようになるだろう。サルナシの実は切ってみればキウィそっくり、キウィもサルナシの仲間だ。晩秋、柔らかくなったものはおいしいのだが、サルナシの方は手の届くところには実をつけない。マタタビの方は案外手の届く下の方に実をつける。青いときは渋いが、黄色く熟れたものは甘みがある。ツルウメモドキ、サンカクヅルに混じって、きれいに紅葉するツタウルシもからみつく。ヤマウルシが奇数羽状複葉なのに対し、これは三出羽状複葉だ。ウルシの中でももっともひどいかぶれを起こす。ウルシに弱い人が覚えておかないといけないものだが、やはり一度体験してもらわないと、その恐ろしさはわかってもらえないのかも知れない。

巨大なナメクジ、ヤマナメクジが多いのもこのコースだ。こいつに会えるかも知れない。

内杉谷～ヒックラ（櫃倉）谷～杉尾峠コース

（内杉谷・落合橋～横山峠～ヒックラ（櫃倉）谷～杉尾峠）

内杉谷の落合橋から左、ヒックラ（櫃倉）谷に入ると、約二kmで林道は終わる。渡渉して急な坂を登ると一本の大きなモミがある。横山峠である。ここが研究林と民有林の境界で、研究林側だけが静かな原生林であることが実感できよう。しかし、このあたりにもスモモがあるので、かって人が住んでいたこと

ツタウルシ〔ウルシ科〕

サルナシ〔マタタビ科〕
（キウィはサルナシの仲間、食べるとおいしい）

があるようだ。ここに流れ込んでいる谷が中ノッボで、この奥に分布の西限のニッコウキスゲがあるが、滝と絶壁の谷なので入らない。

ヒックラ谷も右岸へ、左岸へと何度も渡渉する。歩道は登り始め、滝の上にでたあと、再び谷へ下りる。人にはめったに会わない、いい谷である。エンレイソウ、サンヨウブシ（トリカブト）がでてくる。サンヨウブシの紫色の花もきれいなものだし、開花期間も長い。このトリカブトは以前キタヤマブシとされていたが、現在は本州西部・四国に分布するサンヨウブシとされている。よく知られた有毒植物だが、毒成分は少ないとされる。

ここにも大きなトチノキがある。水のしたたる岩肌にくっついているはずのイワタバコが曲がったトチノキの上にくっついている。開花は真夏だ。

谷は二つに分かれる。坂谷の標識がある。ついで権蔵谷だが、これも右にとる。大きなハクウンボクがあり、芦生で最大ともされる大きなミズナラがあったが、これも枯れた。きつい坂を登ると、ケヤキ峠～杉尾峠の林道にでる。急な坂道を登ると何本かの大きなナツツバキがでてくる。沙羅、沙羅双樹と呼ばれているものだが、一輪、二輪でなく、樹全体がまっ白くなるほどたくさんの花がつく。これでは諸行無常を感じられない。このブナ、ナツツバキの下にたくさんのエゾユズリハ、ユズリハがある。ここで長治谷～杉尾峠コースと合流する。杉尾峠である。ここから若狭虫谷へ下りるルートがある。

サンヨウブシ〔キンポウゲ科〕

エンレイソウ〔ユリ科〕

扇谷～地蔵峠コース（扇谷～地蔵峠）

あまり歩かれていないコースだが、長治谷～地蔵峠～扇谷、あるいは逆まわりに扇谷～地蔵峠～長治谷と歩く。中山から長治谷への途中、中山橋を渡る。すぐに扇谷の外国産樹種見本林に着く。川沿いはドイツトウヒ林だ。ドイツトウヒはヨーロッパに広く分布するトウヒの仲間で、ここのものは一九三一～三六年に植栽されているので、約八〇年ということになる。面積は約〇・二ha、一九九一年の調査で七六八本あったとされる。直径は大きなものではもう五〇cmを越えている。

広い林道に沿って歩くと、ドイツトウヒのあと、サワラ林になり、斜面中腹にはカラマツ、モリンダトウヒ、尾根部にはヤツガタケトウヒの小集団がみえる。研究林内の外国産樹種のところで説明したように、ここにはウラジロモミ、アカエゾマツ、トドマツ、シラカバなどが植えられている。扇谷の入口にその植栽位置図の標識が立てられている。

地蔵峠まで緩やかな傾斜の林道がだらだらと続く。次のカーブを曲がれば地蔵峠かと何度も思わせる。林道沿いの両側にはタニウツギが多い。ピンクの花の開花は六月上旬だ。続いて濃いブルーのヤマアジサイ（サワアジサイ）、薄いブルーのコアジサイ、夏近くになればノリウツギが咲く。林道脇にはカバノキ科のミズメ（ヨグソミネバリ、アズサ）が多い。シラカバと同様、伐採跡地や

コアジサイ〔ユキノシタ科〕

タニウツギ〔スイカズラ科〕

林道脇など明るいところに生えるパイオニア植物である。枝先を折ってみるとサロメチール（サルチル酸メチル）のいい香りがする。昔、実習で学生にこのにおいを嗅がせたら、「おばあちゃんのにおい」と答えた。背中にこのサロメチールを浸み込ませたサロンパスをよく貼っていた時代でのことである。山の中でこのサロンパスが匂ってきたのである。今ではエアーサロンパスというところだろう。このミズメもこんなにたくさんあっても、京都府絶滅危惧種なのである。

余談だが、そのあとでてきたクサギの葉をむしり、嗅がせたら、「おじいちゃんのにおい」といわれた。「それはないだろう」と不満をいったことがある。このにおいをアリナミンだといった人もいた。

車道が平坦になり、大きなブナがでてくると、まもなく地蔵峠（六八五ｍ）である。

佐々里峠〜灰野コース
（佐々里峠〜灰野〜芦生）

鞍馬・花背を経由して広河原まで京都バスが入っているので、ここから舗装された道路を佐々里峠（八三三ｍ）まで登る。峠には立派な石室《いしむろ》がある。研究林外ではあるが、研究林入林の注意書きがある。石室からしばらく登りがある

ミズメ〔カバノキ科〕

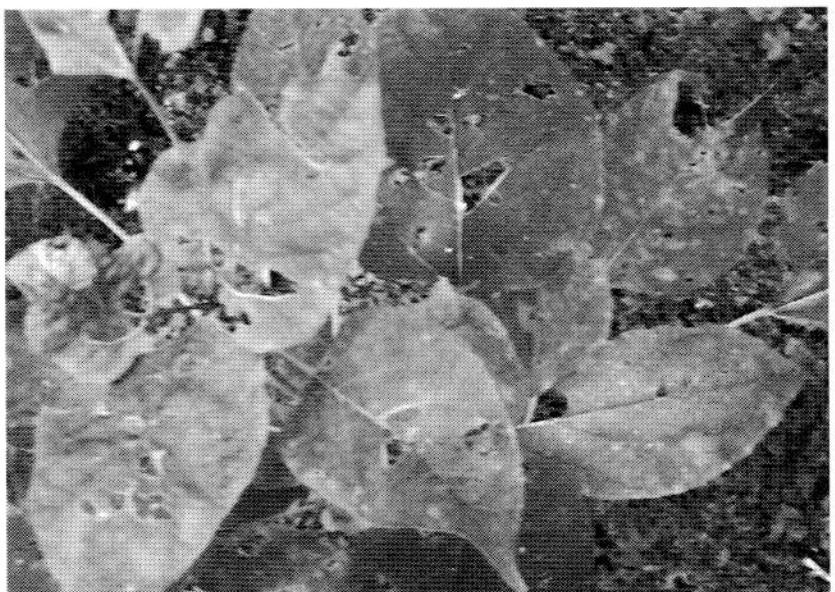

クサギ〔クマツヅラ科〕

が、そのあとは大きな起伏はなく、小野村割《わり》岳（九三二m）〜大段山（七九五m）への稜線へ向かう。この付近ではブナとイヌブナがまじっている。ブナは大きく、樹皮は灰白色で割れ目がなく、地衣類がついて特徴ある斑紋があるのに対し、イヌブナはあまり大きくならず樹皮は黒っぽく、いぼ状の皮目・割れ目がある。葉も葉脈がブナでは七〜一一対であるのに、イヌブナでは一〇〜一四対と多い。このことも確認して欲しい。

しかし、このルートは研究林外、すべて民有林である。それだけに尾根の上までヒノキ林になっているところもある。小野村割岳への尾根へたどりつくと、研究林との境界でまたすばらしいブナ林がでてくる。ブナノキ峠・三国岳など由良川源流の山なみとそこを青黒く埋め尽くす原生林をみることができる。このあたり、ブナの下木にはカバノキ科のアカシデ、イヌシデ、クマシデ、サワシバが多い。バラ科のオオウラジロノキある。紅葉時期のアオハダの赤い実、ツルウメモドキの黄色い実はきれいなものだ。ジグザグのきつい灰野谷を下り、廃村灰野へ着くと、芦生からの森林軌道レールがみえる。

なお、研究林事務所構内、内杉谷幽仙橋、中山〜長治谷間の天然林内に樹木園があり、主要な樹木にラベルがつけられている。

芦生の自然については芦生研究林資料館（斧蛇館）（研究林事務所のあるところの小字名が斧蛇であることによる）に標本・展示があるし、京都大学本部構

佐々里峠の石室

内の京都大学総合博物館に「温帯林の生物多様性と共生系」として芦生研究林を中心とする紹介コーナーがある。

〈入林の注意〉

芦生研究林は研究・教育を目的とした京都大学の施設であるので、一般の方の入林・利用には許可が必要である。徒歩で、それも一〇人未満のグループの場合、当日、研究林入り口の仮入林許可受付所で記入すれば、入林できる。自家用車での入林は許可されない。一〇人以上のグループの場合などにはまえもっての許可が必要である。必要な情報はホームページで得られる。

〈問い合わせ先〉

京都大学フィールド科学教育研究センター芦生研究林
〒六〇一－〇七〇三　南丹市美山町芦生　電話　〇七七一－七七－〇三二一　Fax　〇七七一－七七－〇三二二
http://fserc.kais.kyoto-u.ac.jp/asiu/"http://fserc.kais.kyoto-u.ac.jp/asiu/

宿泊には
芦生山の家　南丹市美山町芦生　電話　〇七七一－七七－〇二九〇　Fax　七七－〇三六八　http://asiuyamanoie.com/
自然文化村河鹿荘　南丹市美山町中　電話　〇七七一－七七－〇〇一四　Fax　七七－〇〇二〇
http://m-kajika.jp/"http://m-kajika.jp/
江和ランド　南丹市美山町江和　電話・Fax　〇七七一－七七－〇三三〇　http://www5.ocn.ne.jp/~ewaland/
などが利用できる。

「芦生」についての書籍紹介

森本次男：京都北山と丹波高原　朋文堂（一九三八）
住友山岳会：近畿の山と谷　朋文堂（一九四一）
京都府：京都府の自然と名勝　京都府（一九五一）
読売新聞社（編）：日本山脈縦走　朋文堂（一九五五）
磯貝　勇：丹波の話　東書房（一九五六）
毎日新聞社（編）：日本の秘境　秋元書房（一九六一）
竹内　敬：京都府草木誌　大本（一九六二）
朋文堂編集部（編）：大阪周辺の山々　朋文堂（一九六四）
森本次男：京都北山と丹波高原山と溪谷社（一九六五）
毎日新聞京都支局（編）京の里北山　淡交新社（一九六六）
日本交通公社：全国秘境ガイド　日本交通公社（一九六七）
朝日新聞京都支局（編）：京の花風土記　淡交社（一九六七）
金久昌業：京都北山　昭文社（一九七〇）
渡辺弘之：京都の秘境　芦生　ナカニシヤ出版（一九七〇　増補改訂版一九七六）
金久昌業：京都北部の山々　創元社（一九七三）
渡辺弘之：ツキノワグマの話　日本放送出版協会（一九七四）
京都野生動物研究会：京都府の野生動物　京都府公害対策室（一九七四）
奥山春季：採集検索日本植物ハンドブック　八坂書房（一九七四）
朽木村教育委員会：朽木村志　朽木村教育委員会（一九七五）
渡辺弘之：登山者のための生態学　山と溪谷社（一九七九）
京都府：京都の野鳥　京都府（一九七九、一九九三）
金久昌業：北山の峠～京都から若狭・丹波へ（下）ナカニシヤ出版（一九八〇）
今西錦司・戸川幸夫・中西悟堂（監修）：全集日本動物誌26講談社（一九八四）
芦生のダム建設に反対する連絡会：トチの森の啓示（一九八五）
山本素石：山棲みまんだらクロスワード（一九八五）
芦生を守る会：トチの森の啓示　オデッサ書房（一九八五）
渡辺弘之：アニマル・トラッキング　山と溪谷社（一九八六）
今西錦司・井上靖（監修）：日本の湖沼と溪谷　10　近畿ぎょうせい（一九八七）
小泉博保：森の仲間たち―京都の野生動物　京都書院（一九八七）
渡辺弘之：クマ　生き生き動物の国　誠文堂新光社（一九八八）
北山クラブ：京都北山百山　レポート集　北山クラブ（一九八九）
京都大学「演習林管理」研究グループ：森林研究と演習林～

芦生を対象として～（一九九〇）
杣の会：雑木山生活誌資料　朽木村針畑谷の記録　杣の会（一九九〇）
澤　潔：京都　北山を歩く3　ナカニシヤ出版（一九九一）
斉藤清明：京の北山ものがたり 松籟社（一九九二）
山本武人：近江朽木の山　ナカニシヤ出版（一九九二）
京都府立大学（編）：洛北探訪　京郊の自然と文化　淡交社（一九九五）
石橋睦美：日本の森（西日本編）淡交社（一九九五）
中根勇雄：芦生演習林（研究林）・樹木の手引き（私費出版）（一九九五）
内田嘉弘：京都丹波の山（上・下）ナカニシヤ出版（一九九五）
芦生の自然を守り生かす会（編）：関西の秘境芦生の森から　かもがわ出版（一九九六、二〇〇四）
京都弁護士会公害対策・環境保全委員会（編）：京の自然保護とまちづくり　京都新聞社（一九九六）
全国大学演習林協議会（編）：森へ行こう 大学の森へのいざない　丸善ブックス（一九九六）
美山町自然文化村：美山ガイドブック　ようきゃはったのう美山　美山町自然文化村（一九九七）
山本武人：比良・朽木の山を歩く　山と溪谷社（一九九八）
知井村史編集委員会（編）：京都・美山町知井村史 知井村史刊行委員会（一九九八）
北本廣次：樹木彩時季　Bee Books（一九九八）
桂　俊夫：京・北山四季賛歌　求龍社（一九九八）
広瀬慎也：写真集　芦生の森　遊人工房（一九九九）
森　茂明：芦生奥山炉辺がたり　かもがわ出版（一九九九）
京都地学教育研究会（編）：新・京都自然紀行　人文書院（一九九九）
小林圭介（監修）：朽木の植物　朽木村教育委員会（一九九九）
美山町自然文化村：芦生の森はワンダーランド　美山町自然文化村（一九九九、二〇〇四）
大伸社：CD-ROM「みんなの森　Our forest」（一九九九）
広谷良韶：深山・芦生・越美　低山趣味　ナカニシヤ出版（二〇〇〇）
石井　実・藤山静雄・星川和夫（編）：昆虫類の多様性保護のための重要地域　第二集　日本昆虫学会自然保護委員会（二〇〇〇）
草川啓三：芦生の森を歩く　青山舎（二〇〇〇）
東　彗：ふるさと残像　京都美山の四季　郵研社（二〇〇一）
池内　紀：日本の森を歩く　山と溪谷社（二〇〇一）
オノミユキ：Hodi Hodi 朽木村　Sunrise（二〇〇一）
広瀬慎也：芦生の森　二　遊人工房（二〇〇二）
山本卓蔵：芦生の森　東方出版（二〇〇二）
日本の森製作委員会（編）：日本の森ガイド 五〇選　山と溪谷社（二〇〇二）
桂　俊夫：京・北山四季賛歌　求龍社（二〇〇二）
草川啓三：芦生の森案内　青山舎（二〇〇二）
オノミユキ：Pole Pole 朽木村　Sunrise（二〇〇二）

京都府：京都府レッドデータブック　上・下　京都府（二〇〇二）

京都府：京都府レッドデータブック（普及版）サンライズ出版（二〇〇三）

草川啓三：近江の峠　歩く・見る・撮る　青山舎（二〇〇三）

山と溪谷社：京都府の山　新・分県登山ガイド二五　山と溪谷社（二〇〇三）

草川啓三：近江花の山案内　青山舎（二〇〇四）

京都大学総合博物館・京都大学フィールド科学教育研究センター（編）：森と里と海のつながり　京大フィールド研の挑戦　京都大学総合博物館（二〇〇四）

谷口正一：DVD「芦生原生林」～すばらしい自然の鼓動～ MORIYUME（二〇〇四）

福嶋　司：いつまでも残しておきたい日本の森　リヨン社（二〇〇五）

全国大学演習林協議会（編）：森林フィールドサイエンス　朝倉書店（二〇〇六）

尾上安範：生命輝く芦生の森（二〇〇七）

青木　繁：高島の植物　上・下　サンライズ（二〇〇七）

草川啓三：巨樹の誘惑　青山舎（二〇〇七）

広瀬慎也：由良川源流の森　芦生風刻　光村推古書院（二〇〇七）

京都府山岳連盟（編）：京都北山から　自然・文化・人　ナカニシヤ出版（二〇〇八）

草川啓三：芦生の森に会いにゆく　青山舎（二〇〇八）

野生生物を調査研究する会：生きている由良川（二〇〇九）

美山町知井振興会旅の宿部会：京都・美山知井（二〇〇九）

高島トレイル運営協議会：中央分水嶺・高島トレイル公式ガイドブック（二〇〇九）

あとがき

芦生原生林の自然について改めて書き出してみたら、知らなかったことがたくさんあったし、さらに知りたいことがいくつもでてきた。自信をもって書きだしたものの、今になって、もっと資料に当たって補強した方がいいのではとちょっと弱気にもなっている。たとえば、芦生で採集・発見され新種として記載されている昆虫などは、あるいはもっと他にもあるのかも知れない。教えていただきたいことだ。それはともかく、地上権設定契約期限の九十九年が近くなった今、芦生原生林を今後どう保護・管理していくのか、早急にコンセンサスを得、それを実行に移す時期にきている。本書が芦生の自然（森・渓谷）を知っていただく参考になればうれしい。

本書の執筆にあたり、安藤　信、保賀昭雄、今井博之、石井　実、岩田隆太郎、伊藤ふくお、加藤　真、岸井　尚、湊　宏、水野弘造、村田　源、永益英敏、内藤親彦、二村一男、大石久志、阪倉真一、清水裕行、白附憲之、初宿成彦、鈴木誉士、山中典和のみなさんには不躾な質問や資料の請求をさせていただいたのに、お忙しい中、質問に答え、私の知らなかった資料の存在を教えていただいた。また貴重な写真をお貸しいただいた深瀬伸介、保賀昭雄、伊藤ふくお、桂孝次郎、岸井　尚、小泉博保、前田喜四雄、水野弘造、内藤親彦、二村一男、小倉研二、緒方政次、相良直彦、玉谷宏夫、山中典和さんにも心より厚くお礼申し上げる。

大学院生として芦生で土壌動物研究を始め、さらには演習林へ助手として赴任して以来、本当に多くの方にお世話になっている。この歳になって、その思いがさらに強くなってくる。これらの方々の庇護・厚情がなければ今の私もなかったはずだ。

現フィールド科学教育研究センター芦生研究林長・芝　正巳、事務係長・長野　敏さんをはじめ芦生研究林の方々には調査許可、また入林に際して、種々のお世話になっている。心より厚くお礼を申し上げる。

ナカニシヤ出版社長中西健夫、林達三さんには原稿の執筆を気長に待っていただき、ともすれば硬くなりがちだった本書を読みやすくなるよう、さまざまなアドバイスをいただいた。最後になってしまったが、お礼申し上げる。

二〇〇七年十二月

渡辺　弘之

クマの冬ごもり穴に入った若き日の著者

〈著者紹介〉
渡辺　弘之（わたなべ　ひろゆき）

1939年生まれ、1966年京都大学大学院農学研究科博士課程修了、1966年京都大学助手（付属演習林）、1971年講師、1981年助教授（農学研究科）、1990年教授（農学研究科）、この間、1999年～2001年付属演習林長。2002年退職。現在、京都大学名誉教授。

国際アグロフォレストリー研究センター（ケニア、ナイロビ）理事、日本環境動物昆虫学会副会長、日本林学会評議員・関西支部長、日本土壌動物学会会長、関西自然保護機構理事長など歴任、現在、ミミズ研究談話会会長、京都園芸倶楽部会長、社叢学会理事など。

京都の秘境・芦生（ナカニシヤ出版）、登山者のための生態学（山と溪谷社）、アニマル・トラッキング（山と溪谷社）、森の動物学（講談社）、ツキノワグマの話（日本放送出版協会）、クマ　生き生き動物の国（誠文堂新光社）、ミミズと土（平凡社）、ミミズのダンスが大地を潤す（研成社）、樹木がはぐくんだ食文化（研成社）、熱帯林の保全と非木材林産物（京都大学学術出版会）、カイガラムシが熱帯林を救う（東海大学出版会）、ミミズ　嫌われもののはたらきもの（東海大学出版会）、タイの食用昆虫記（文教出版）、東南アジア樹木紀行（昭和堂）、果物の王様ドリアンの植物誌（長崎出版）、熱帯林の恵み（京都大学学術出版会）、土のなかの奇妙な生きもの（築地書館）など、多数の著書がある。

由良川源流　芦生原生林生物誌

2011年11月25日　初版第2刷発行

定価はカバーに
表示してあります

著　者　渡　辺　弘　之

発行者　中　西　健　夫

発行所　株式会社ナカニシヤ出版

〒606-8161　京都市左京区一乗寺木ノ本町15番地
TEL　075-723-0111
FAX　075-723-0095
URL http://www.nakanishiya.co.jp/
e-mail iihon-ippai@nakanishiya.co.jp
郵便振替　01030-0-13128

印刷・製本　ファインワークス／地図・装丁　竹内康之

ISBN978-4-7795-0215-6　C0045

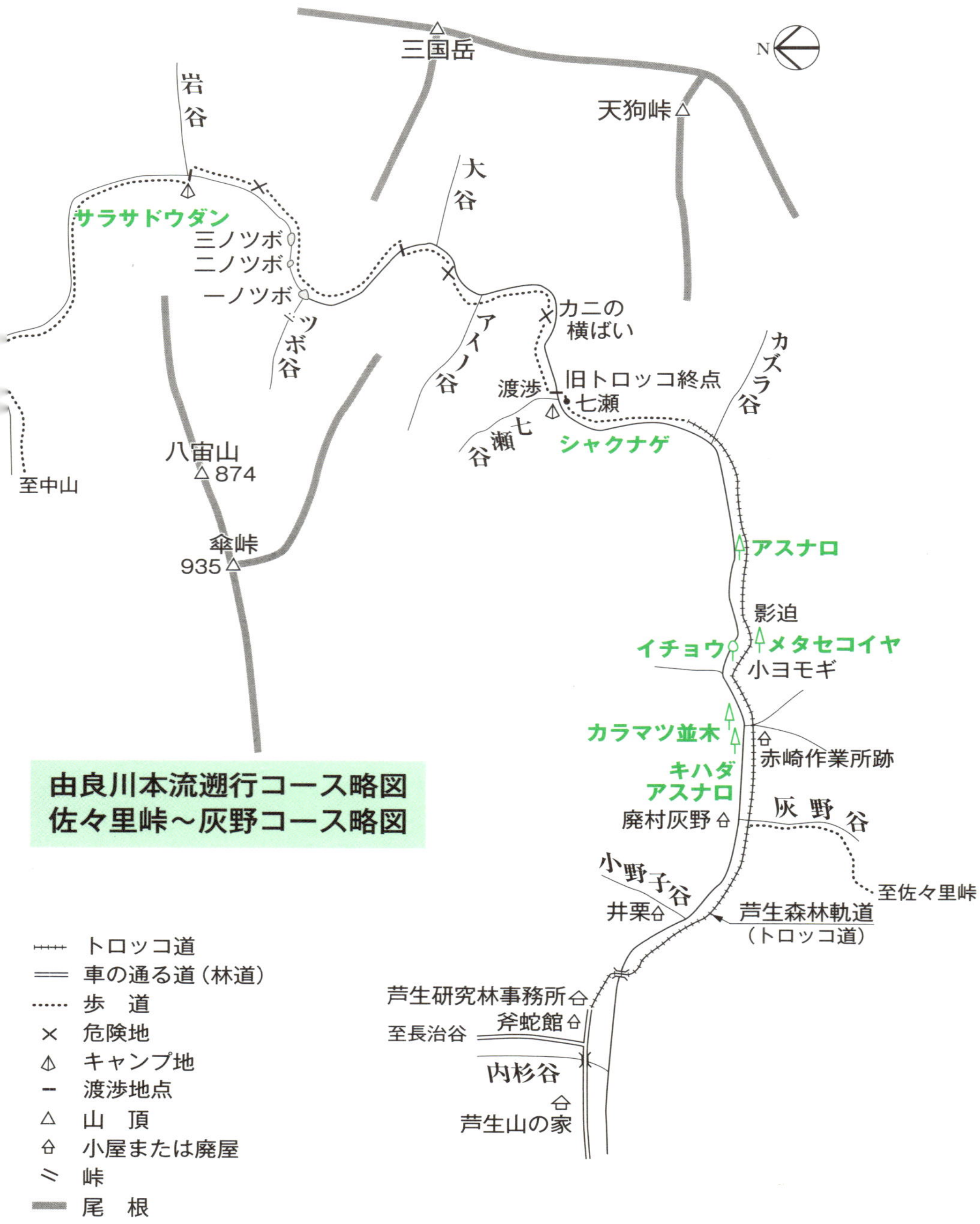
三国岳
天狗峠
岩谷
大谷
サラサドウダン
三ノツボ
二ノツボ
一ノツボ
ツボ谷
アイノ谷
カニの
横ばい
旧トロッコ終点
渡渉
七瀬
七瀬谷
シャクナゲ
カズラ谷
八宙山
874
至中山
傘峠
935
アスナロ
影迫
イチョウ
メタセコイヤ
小ヨモギ
カラマツ並木
赤崎作業所跡
キハダ
アスナロ
廃村灰野
灰野谷
至佐々里峠
小野子谷
井栗
芦生森林軌道
（トロッコ道）
芦生研究林事務所
斧蛇館
至長治谷
内杉谷
芦生山の家
由良川本流遡行コース略図
佐々里峠～灰野コース略図
トロッコ道
車の通る道（林道）
歩　道
危険地
キャンプ地
渡渉地点
山　頂
小屋または廃屋
峠
尾　根